中国乡村社区环境
调研报告

王宝刚　主编 ◎

The Research Report on China's Rural
Community Environment

中国建筑工业出版社

序　言 | Preface

　　历经4年的现场调研、数据统计及归纳分析，由中国建筑设计研究院、城镇规划设计研究院、山东大学以及沈阳建筑大学共同编写的《中国乡村社区环境调研报告》终于得以付梓出版。中国乡村社区环境现状调研是"乡村社区环境优化建设关键技术研究"课题的重要内容之一，目的是为了把握我国乡村社区人文环境、生态环境、景观环境以及生活垃圾处理的现状、存在问题以及乡村社区干部、居民对乡村社区环境建设的真实需求，为我国乡村社区环境优化建设技术体系的构建提供基础资料。

　　本次调研包含村委会调研和居民调研两大部分，每部分根据实际情况大致分为基本情况、健康评估、环境现状、生态资产、景观现状和发展规划等内容。其中村委会调查问卷包含6部分，主要是填空和选择的形式；居民调查问卷包含5部分，也以填空和选择回答为主。课题组根据我国现行的行政区域划分，选取了江苏、山东、广东、湖北、湖南、山西、四川、贵州、黑龙江等25个农业发展水平不一的省市自治区作为调查地点，并根据各省市自治区的地理位置、产业结构、地形地貌等因素选取调研乡村，每个村的调研对象包括村委会和10名居民，小村庄的居民数在5~10名之间。其中由于各区域的发展情况不同以及科学研究的侧重点不同，在经济发达、环境问题突出的华东地区增加了调研村庄的密度，以便于今后的深入研究。

　　此次调研采取问卷与访谈相结合的调查方法，居民调研的主要对象主要是普通村民和部分村干部，在居民取样时考虑涵盖不同性别、不同年龄层次、不同教育背景、不同经济背景居民。为了保证所获取的问卷调查数据的有效性，对于看不懂、看不清问卷内容的居民，由调查人员以问答的方式对居民进行调查，确保了调查问卷数据的真实性与有效性。本次对25个省市自治区的300多个乡村社区的村委会和近3000位居民进行了面对面访谈调研。

　　本次调研收集了大量数据，并形成了数据库。这些第一手数据对于今后建设乡村社区环境，提升乡村社区环境质量，具有重要的参考意义。

本调研报告为各位读者提供了基本数据和简要分析，可使广大读者更加充分了解我国乡村社区环境的基本现状与重要成就，进一步开展我国乡村社区环境建设的理论与实践研究，积极探寻乡村社区环境建设可持续发展之路。

由于客观条件、编者水平有限，还有很多未尽人意的地方，望读者批评指正。

《中国乡村社区环境调研报告》编委会

2016年10月20日

目 录 | Contents

第一章
调研概况

第一节

乡村社区环境建设背景

1. 乡村社区环境优化建设的机遇

改革开放以来，我国城市化得到迅猛发展，经济社会发展取得了巨大成就，为我国的现代化建设提供了坚实的基础。随着经济实力和综合国力的增强，我国已经具备了支撑城乡一体化发展的物质技术条件，到了工业反哺农业、城市支持农村的发展阶段。以生态文明建设为核心和引导，以新型城镇化、新农村建设和美丽乡村建设为契机，以国内外乡村环境建设的先进技术和经验为支持，推进城乡一体化发展和乡村社区环境优化建设建设，成为国家新型城镇化、农业现代化和美丽中国建设的重要环节和必然要求。

（1）生态文明建设

面对资源约束趋紧、环境污染严重、生态系统退化的严峻形势，必须树立尊重自然、顺应自然、保护自然的生态文明理念，转变产业结构、增长方式和消费方式，走可持续发展道路。面对新的发展要求，乡村社区环境建设也应将乡村生态文明建设作为重要的发展目标。

2015年5月，《中共中央国务院关于加快推进生态文明建设的意见》发布，提出把生态文明建设放在突出的战略位置，融入经济建设、政治建设、文化建设、社会建设各方面和全过程。到2020年，资源节约型和环境友好型社会建设取得重大进展，主体功能区布局基本形成，经济发展质量和效益显著提高，生态文明主流价值观在全社会得到推行，生态文明建设水平与全面建成小康社会目标相适应。提出在优化国土空间开发格局中大力推进绿色城镇化和加快美丽乡村建设。

在加快美丽乡村建设方面，提出着重完善县域村庄规划，强化规划的科学性和约束力。加强农村基础设施建设，强化山水林田路综合治理，加快农村危旧房改造，支持农村环境集中连片整治，开展农村垃圾专项治理，加大农村污水处理和改厕力度。加快转变农业发展方式，推进农业结构调整，大力发展农业循环经济，治理农业污染，提升农产品质量安全水平。依托乡村生态资源，在保护生态环境的前提下，加快发展乡村旅游休闲业。引导农民在房前屋后、道路两旁植树护绿。加强农村精神文明建设，以环境整治和民风建设为重点，扎实推进文明村镇创建。这些决策为乡村环境优化建设指明了方向和目标，也为下一步我国乡村环境保护与建设带来了前所未有的历史机遇。

党的十八大以来，以习近平同志为总书记的党中央站在战略和全局的高度，对生态文明建设和生态环境保护提出的一系列新思想、新论断、新要求，为努力建设美丽中国，实现中华民族永续发展，走向社会主义生态文明新时代，指明了前进方向和实现路径，也为我国广大乡村社区环境治理、保护和优化建设指明了方向，带来了无限机遇和希望。

（2）新型城镇化

新型城镇化是指以城乡统筹、城乡一体、产城互动、节约集约、生态宜居、和谐发展为基本特征的城镇化，是大中小城市、小城镇、新型农村社区协调发展、互促共进的城镇化。新型城镇化的核心在于不以牺牲农业和粮食、生态和环境为代价，着眼农民，涵盖农村，实现城乡基础设施一体化和公共服务均等化，促进经济社会发展，实现共同富裕。

2014年3月份，《国家新型城镇化规划（2014—2020年）》正式发布。2014年12月，国家发改委等11个部委联合下发了《关于印发国家新型城镇化综合试点方案的通知》，将江苏、安徽两省和宁波等62个城市（镇）列为国家新型城镇化综合试点地区。2015年政府工作报告明确提出"加强资金和政策支持，扩大新型城镇化综合试点"。按照国家新型城镇化综合试点方案明确的时间表，2014年底前开始试点，到2017年各试点任务取得阶段性成果，形成可复制、可推广的经验；2018～2020年，逐步在全国范围内推广试点地区的成功经验。

新型城镇化的重要特点之一是城乡互补，就是要打破长期形成的城乡二元结构，形成优势互补、利益整合、共存共荣、良性互动的局面，推动城乡一体化发展。《国家新型城镇化规划（2014—2020年）》明确提出通过提升乡镇村庄规划管理水平、加强农村基础设施和服务网络建设、加快农村社会事业发展、建设社会主义新农村。新型城镇化发展战略对于消除城乡差别、补齐农村基础设施短板、加强城乡互动共荣共享具有重要意义，是广大农村经济和环境建设的重要机遇。

（3）新农村建设

社会主义新农村建设是指在社会主义制度下，按照新时代的要求，对农村进行经济、政治、文化和社会等方面的建设，最终实现把农村建设成为经济繁荣、设施完善、环境优美、文明和谐的社会主义新农村的目标。2005年10月，中国共产党十六届五中全会通过《中共中央关于制定国民经济和社会发展第十一个五年规划的建议》，提出要按照"生产发展、生活宽裕、乡风文明、村容整洁、管理民主"的要求，扎实推进社会主义新农村建设。生产发展，是新农村建设的中心环节，是实现其他目标的物质基础。生活宽裕，是新农村建设的目的，也是衡量我们工作的基本尺度。村容整洁，是展现农村新貌的窗口，是实现人与环境和谐发展的必然要求。管理民主，是新农村建设的政治保证，显示了对农民群众政治权利的尊重和维护。

建设社会主义新农村，是贯彻落实科学发展观、解决"三农"问题的重大举措，是现代化建设顺利推进、全面建成小康社会的必然要求。各地围绕新农村建设中的村容整洁目标，对乡村社区环境整治提出了一系列指标、评估方法和实施办法。新农村环境建设指标包括农村村庄统一规划率、农村自来水入户率、农村安全饮用水普及率、清洁能源使用比率、卫生厕所使用比率、节水灌溉工程普及率、肥料农药使用达标率、农村垃圾无害化处理率、农村环境达标率、农村道路硬化率、农村客车通车率、水土流失/旱涝盐碱治理率、常用耕地面积变动率、农村大气质量、农村主要河流水质、生态农业面积比率、农用地膜回收率、排水管网覆盖率、农村公共照明率、农村森林覆盖率和农村绿地覆盖率等。这些指标和相应的评估方法，对评估和检验新农村建设中乡村社区环境治理的效果起到了积极的作用，也为进一步进行乡村社区环境优化建设提供了基础和参考。

（4）美丽乡村建设

在建设社会主义新农村的基础上，很多省市尝试美丽乡村建设并取得了一定成效。2008年，浙江省安吉县正式提出"中国美丽乡村计划"，出台了《建设"中国美丽乡村"行动纲要》，提出10年左右时间，把安吉县打造成为中国最美丽乡村。"十二五"期间，受安吉县"中国美丽乡村"建设的成功影响，浙江省制定了《浙江省美丽乡村建设行动计划》，广东省增城、花都、从化等市县从2011年开始也启动美丽乡村建设，"美丽乡村"建设已成为中国社会主义新农村建设的新台阶，美丽中国建设的重要组成部分和城乡一体化发展的重要一环。

2014年2月，在"第二届中国美丽乡村·万峰林峰会——美丽乡村建设国际研讨会"上，中国农业部科技教育司发布中国"美丽乡村"十大创建模式，包括产业发展型、生态保护型、城郊集约型、社会综治型、文化传承型、渔业开发型、草原牧场型、环境整治型、休闲旅游型、高效农业型。这些模式凝练了我国美丽乡村建设的基本特征和发展规律，为各地美丽乡村建设提供了有效借鉴。

2015年6月，《美丽乡村建设指南》国家标准由质检总局、国家标准委正式发布实施。《美丽乡村建设指南》作为推荐性国家标准，为开展美丽乡村建设提供了框架性、方向性技术指导，使美丽乡村建设有标可依，使乡村资源配置和公共服务有章可循，使美丽乡村建设有据可考。在村庄建设方面，标准规定了道路、桥梁、饮水、供电、通信等生活设施和农业生产设施的建设要求。在生态环境保护方面，标准规定了气、声、土、水等环境质量要求，对农业、工业、生活等污染防治，森林、植被、河道等生态保护，以及村容维护、环境绿化、厕所改造等环境整治进行指导，并设定了村域内工业污染源达标排放率、生活垃圾无害化处理率、生活污水处理农户覆盖率、卫生公厕拥有率等11项量化指标。同时，标准还在经济发展和公共服务方面做出了相关规定。

美丽乡村建设凝练和升华了新农村建设的成果与经验，并在乡村生态环境保护方面提出了更高的要求和目标，同时也为乡村个性化发展预留了自由空间，鼓励各地根据乡村资源禀赋，因地制宜、创新发展。美丽乡村建设的开展为我国乡村社区环境优化建设提供了新的机遇，为从根本上扭转乡村社区环境基础设施匮乏、环境污染和退化加剧、环境保护和管理能力薄弱的局面提供了动力，为保障乡村环境可持续发展提供了有力支撑。

（5）乡村社区环境建设

乡村社区环境是指在乡村地域空间范围内围绕村民居住、生产、学习、教育、文化、休闲等活动而形成的自然、社会、文化和经济因素等所构成的人类生活空间的有机综合体。良好的社区环境是全面建设小康社会的重要内容，随着时代的进步和发展，乡村社区环境的研究内容也在不断扩展和延伸。

乡村社区环境系统是以居住人群为主体，由生产、生活、生态等人文空间和自然生态空间构成的社会系统。乡村社区环境改善是社会主义新农村建设的核心任务。乡村社区环境改善技术研究是对建设生活与产业结构合理、污染率低、环境优美、富有活力的新型乡村的重大科技支撑，是转型期统筹城乡经济发展、推进社会主义新农村建设的必然要求。

2006年10月，中国共产党十六届六中全会通过的《中共中央关于构建社会主义和谐社会的若干重大问题决定》提出"积极推进农村社区建设，健全新型社区管理和服务体制，把社区建设成为管理有序、服务完善、文明祥和的社会生活共同体"。第一次在中央的决定和文件中使用"农村社区"概念，并且提出农村社区建设目标，表明中央对加强农村社区建设的信心和决心。并且在2007年党的十七大上再次强调把城乡社区建设成为"管理有序、服务完善、文明祥和的社会生活共同体"，说明中央已把城市社区与农村社区统一纳入城乡社区这一范畴，社区不仅仅是城市"专利"，农村同样是社区，有利于更新观念，表明农村与城市同样重要，这是和谐社会建设的具体体现，也是对十六届六中全会中提出的"农村社区"的深化，再次表明农村社区建设的重要性和城乡一体化的必要性和可能性。

国内外在乡村社区环境建设经验和成果，可以借助生态文明建设、新型城镇化和美丽乡村建设的历史机遇，整合和应用到乡村社区环境优化建设的实践中去，并结合各地乡村自然资源禀赋、生态环境特点和文化传承特色进行理论、方法和实践创新，探索出多样化的建设生态乡村社区环境的新技术、新模式，为美丽乡村建设、乡村环境优化升级和乡村景观修复提供技术支撑。

2. 乡村社区环境主要问题

城乡一体化发展和美丽乡村建设，给农村可持续发展带来了新的思路和机遇。但是，随着城乡一体化进程的推进，乡村社区环境优化建设也面临严峻挑战。由于大部分乡村社区环境基础设施和环境保护能力薄弱，环境管理和保护的法律法规不健全，有些地区乡村在发展经济的同时牺牲了环境和生态资源，从而导致乡村生态环境退化，乡村景观品质下降等问题。新型城镇化建设和城乡一体化发展过程中既要充分认识乡村既有的环境问题和环境管理薄弱环节，也要防止城镇化和工业化可能产生新的污染和生态破坏问题，才能充分利用新型城镇化的机遇，强化乡村环境基础设施建设和环境保护能力建设，治旧防新，保障乡村环境质量改善，环境品质提升。

（1）社区人文环境

乡村社区是居民居住和生活的主要场所，其人文环境质量直接影响居民身心健康和生活质量。改革开放以来，乡村经济获得了快速发展，居民生活水平大幅度提高。然而，随着越来越多的工业产品、消费品以及工业企业进入乡村，乡村环境污染和退化问题日益突出。乡村社区环境问题主要表现为以下几方面：

1）基础设施建设滞后

从调查的自然村发现，乡村基础设施建设滞后主要表现在：一是农田水利基础设施建设不够完善。虽然现有水利设施经过近年来的除险加固，蓄水能力有所增强，但沟渠因无资金整修，形成了水利设施有"有肚无肠"的现状。二是交通设施和电网设施建设滞后，虽然部分自然村对主干道进行了硬化，但是路面狭窄，农村运输和农产品交易难，农民生产成本高严重地影响着农民生产生活，制约了农村经济快速有效发展，并且乡村电网存在供电空间布局不科学，老旧电网电压不稳、安全性能不可靠等问题，在一定程度上对农民生产生活造成不便。

改革开放后，国家财政用于农业的支出虽然在绝对量上逐年增加，但是农业支出在财政支出中的比重总体上处于下降趋势，农村基础设施建设投资需求与资金供给的矛盾是农村基础设施建设滞后的根本原因，并且农村基础设施产权主体不明确，缺少管理主体，同时，农村基础设施产品供给决策不科学，政府尚未制定有关农村基础设施建设的规划和政策法规，这些都是导致农村基础设施建设滞后的原因。

2）生活垃圾随意混合堆放

近年来，垃圾围城、垃圾围村，垃圾处理场超负荷运转、提前退役，垃圾填埋场的空气和地下水污染，垃圾焚烧厂厂址纠纷等各种与垃圾相关的事件在全国范围内此起彼伏，垃圾处理问题也随之成为人们关心的民生问题之一。随着乡村地区经济的发展和乡村居民收入的不断增加，居民消费水平和生活方式发生了巨大变化，生活垃圾的成分越来越趋向城市化，与此同时，生活垃圾产量也逐渐增加。相较于主要采用建设垃圾填埋场或简易堆放场处理垃圾的城镇而言，农村生活垃圾处理基本处于放任自流，无序排放状态，对环境造成很大危害。据统计，目前全国超过6成的农村生活垃圾没有得到任何处理，少数省份垃圾得到处理的乡村甚至不到10%。这些未经处理的垃圾基本上采取单纯填埋、临时堆放焚烧、随意倾倒等处理方式，极大地污染了乡村环境。因此，在乡村社区环境建设，生活垃圾的处理是重点之一。"村收集、镇转运、县处理"的农村垃圾集中处理模式的实施有效缓解了乡村社区垃圾污染的问题，但也给地方政府职能部门带来巨大的垃圾转运和处理压力。有些地方因为垃圾转运不及时或垃圾填埋场超负荷而造成生活垃圾长时间露天堆放形成次生污染。

由于农村生活垃圾组分日趋复杂，露天堆放的垃圾中塑料包装物难以降解，果皮菜叶腐烂变质。垃圾有机渗滤液又混合电池渗漏的重金属、农药等有毒成分，造成环境观感、气味、毒液、蚊蝇滋生等多重污染，这些污染又可随雨水溢流至河流水系和农田，进一步污染水源和土壤。生活垃圾污染已经成为影响乡村社区环境的突出问题。

3）生活污水直排

生活污水直接排放污染地表水和地下水是农村社区环境的另一突出问题。农村生活污水主要包括餐厨、厕所、洗浴、洗涤等各种污水，其特点是有机物含量高、量大分散。由于大部分乡村社区没有污水管网和处理设备，生活污水直接排入沟渠坑塘，造成地表水富营养化并渗漏污染地下水，还可随雨水溢流造成病原微生物扩散等问题，从而恶化水环境，影响居民身体健康。据统计，全国对生活污水进行收集的行政村比例从2007年的2.62%，上升到2012年的7.67%。虽然进行生活污水处理的行政村比例呈逐年上升趋势，但是，这一比例仍然很低，与新时期乡村社区环境建设的要求还相差甚远。当然，这与农村人口密度较低、居住分散、污水收集和处理设施成本高等客观现状，有着直接关系。因此，必须探索并选择符合我国乡村社区实际情况的污水处理方式。

4）畜禽粪便无序排放

随着我国农村畜禽养殖业的快速发展，乡村地区畜禽粪便无序排放问题日益突出，因畜禽粪便无序排放导致的面源污染日益严重。2010年《第一次全国污染源普查公报》显示，畜禽养殖业的污染排放已经成为我国最重要的农业面源污染源之一：畜禽养殖业排放的化学需氧量（COD）达到1268.26万吨，占全国所有污染物排放的化学需氧量的41.9%；氮和磷污染的排放量分别为102.48万吨和16.04万吨，分别占全国所有污染物氮和磷排放总量的21.7%和37.9%。畜禽养殖户特别是散户的畜禽粪便无序排放，造成臭气、臭味、病虫害滋生等问题。畜禽粪便也会随雨水溢流进入水体如池塘、河流等，污染地表水和地下水，威胁居民饮用水安全和水环境健康。

5）工业企业三废处理不到位

由于环境保护设施缺失、环境管理不到位等多重因素，乡镇企业成为乡村环境点源污染的主要制造者，为乡村环境带来极大危害。加之村镇发展缺乏科学有效的空间和环保规划，部分乡镇企业与乡村社区没有足够的防护距离，与乡村社区生活污染和面源污染叠加，加剧了社区环境质量的恶化。另外，城镇化进程中，大中城市重污染企业向乡村转移，城市转嫁污染与乡镇企业自身污染并存，形成了"污染下乡，产品进城"的局面，导致部分乡村土壤污染、耕地退化等。因此，深入了解工业污染对乡村环境的影响情况和规律，对于从不同层面加强污染控制和环境管理，保护乡村社区环境安全和居民身体健康具有重要的意义。

虽然，近年来，国家积极推进乡村环境保护和优化建设工作，乡村生活垃圾和污水无害化处理、秸秆还田、气化等综合利用技术与设备、生物肥料和农药等环境友好型生产技术的推广，在一定程度上改善了乡村环境的压力；但是由于大部分乡村受资金和技术限制，管理水平不高，局部环境质量恶化的问题仍然严峻。

6）社会事业发展不平衡

社会事业发展不平衡。一是农村教育负担仍然很重。一些乡村的教育布局合村并点，调整不科学。教育布局调整撤了学校，学生只有到较远的中心完小读书，家长因孩子太小只好实施"1＋1"工程（即花1个劳动力去陪读），一位家长反映：国家虽然减免了学杂费，但现在要1个劳动力陪着，负担还是很重。二是公共卫生事业发展艰难。一方面，乡镇医院运转难。由于政策和经济条件的原因，目前乡镇医院条件差，医务人员待遇低，结构不合理，导致人才引不进、留不住。另一方面，看病难问题仍然严峻。调查发现，农村的"看病难"比想象严重，新型农村合作医疗虽然给农村看病难带来了福音，但据一位农民反映：原来看病只要50元的，现在需要100元，国家报销50元，自己还是要出50元，没有少花钱，捆着绑着一个样。三是社会保障事业刚刚起步。目前，县农村的生育保险、工伤保险、养老保险刚刚启动，社会救助体系还不完善，农村低保范围窄、金额少，失地农民、弱势群体救助机制还没有完全建立。

（2）自然生态环境

生态环境是人类生存和发展的基本条件。但是，随着社会的发展和科技的进步，人类对自然资源的过度开发和不合理应用，造成了一系列的态环境问题。很多乡村地区面临不同程度的空气、水、土壤污染，植被退化，水土流失，生态系统结构破坏、功能衰退，环境污染、资源衰竭等问题。这些问题已成为农村环境安全、农业现代化和乡村社会经济可持续发展的重要瓶颈。

1）大气污染，雾霾蔓延到乡村

我国城市化与工业化的迅速发展与能源消耗的迅速增加，带来了许多空气污染问题。而近几年，随着雾霾天气长时间和大范围的出现，大气污染开始以城市为中心向四周扩散，而污染源的外迁以及乡村自身污染源的共同作用，使得大气污染问题逐渐成为影响乡村人居环境的重要因素。研究证明，大气污染以及雾霾天气与肺癌之间具有很强的正相关联性，而《2013年中国肿瘤登记年报》显示，肺癌已经成为城市和农村居民发病率和死亡率最高的恶性肿瘤。并且相较于城市居民，由于农村居民在日常的生产、生活中暴露于自然环境中的概率更高，在大气污染浓度相同的情形下，承担的大气污染所带来的健康风险为城市居民的1.43倍。

2）水污染，水量和水质性缺水并存

我国水资源严重短缺，2005年水资源人均占有量为2151立方米，仅为世界人均水量的1/4，而2014年国家统计局数据显示，我国水资源人均占有量已经下降到1998.64立方米。我国的水资源不仅人均占有量少，而且分布也极不均衡。虽然较新中国成立之前，中国的供水能力有了很大的发展，但是水资源的供给仍然不能满足人民日益增长的生产生活需求。尤其是在农村地区，农业灌溉每年平均缺水300多亿立方米，全国农村还有3000多万人饮水困难。

农村的水环境也面临着多方面的污染问题，居民生活的废水乱排放，生活垃圾以及动物的粪便未及时处理，经过雨水的冲刷流入河道，农药以及化肥的残留处理不当，流入到水体中导致了水污染。另一方面，城市中的工业废水排放进入农村水体，也是导致农村水污染的原因之一。当前我国对生态环境的治理力度在加大，城市的污染控制越来越严格，一些污染比较严重的中小企业便转移到农村的乡镇发展，这部分企业的到来会带动农村的经济发展，缓解劳动力就业的压力，与此同时也给农村的水环境带来了灾难性的污染，其经济效益远远低于环境价值。还有一些不负责任的乡镇企业，为了节省开支，废水未经处理就排放，由于污染物超标造成水环境污染。

3）土壤污染，农药化肥过度使用

2014年环保部和国土资源部发布的《全国土壤污染调查公报》显示，中国的土壤环境问题状况总体不容乐观，部分地区污染较重，耕地土壤环境质量堪忧，工矿业废弃地土壤问题突出，全国土壤污染总超标率达到了16.1%。

由于施肥技术比较落后，以至于化肥用量掌握不当，化肥的利用率低，大量的化肥流失残留于环境中，这也是造成水体富氧化的重要原因之一。另一方面由于肥料的不合理使用，氮、磷、钾使用比例不合理，氮肥超量，磷肥与钾肥的用量不足，从而导致土壤的有机物质含量低，农村的动物粪便等有机肥的利用率逐渐减少，以至于土壤的肥力不足，土壤出现了板结现象，土质严重恶化。虽然国家已经明令禁止使用高毒农药，但一些高毒的有机氯、有机磷农药仍随处可见。此类农药的不合理使用导致生态环境出现问题，同时也污染了农副产品，以至于对人们的身体健康造成威胁，甚至引发其他环境问题。而被土壤吸收的有机污染物不仅对土壤造成了直接污染，还会随着土壤侵蚀、地表径流或者地面径流发生转移，扩大污染的范围。

4）植被退化，水土流失

全球70%的国家和地区受到水土流失和荒漠化的危害，水土流失已经成为世界性的生态环境问题。我国在近50年内，新发生沙漠化的土地有近0.7亿公顷，其中因沙化退化的草地达0.51亿公顷，耕地256万公顷。目前，还有约650万公顷耕地和1/3的天然草场受到不同程度的沙漠化威胁，沙漠化面积扩大的速度还在进一步加快。受荒化危害的人口近4亿，农田1500万公顷，草地1亿公顷。生态系统平衡失调造成各类农业灾害加剧，受灾面积扩大到年均4000万公顷。因灾害年均损失粮食2000多万吨，棉花22万吨。对森林的乱砍滥伐、对土地的不合理利用等人类活动使得植被退化、生态平衡破坏、自然灾害加剧，导致人们生活贫困、生产条件恶化，严重影响居民的生产生活质量，阻碍了经济社会的可持续发展。据统计，在国家"八五"扶贫计划592个贫困县8000万贫困人口中，水土流失严重的黄土高原就有126个贫困县，2300万贫困人口。我国已经成为世界上水土流失最严重的国家之一。

5）生态系统退化，环境服务功能降低

中国的经济资产在增加，其背后隐藏的代价是生态资产的日益减少。在城镇化过程中，公众的生态文明意识整体水平不高，造成乡村生态资产流失损益严重，已经成为阻碍绿色城镇化进程的重要因素。

进一步分析乡村生态环境现状，可以发现，造成这些问题的主要原因是①规划不足，发展盲目，致使生态系统遭破坏。相对于国外发达国家，我国城镇化建设缺乏整体性、系统性的全盘考虑。尤其是对生态环境保护意识的欠缺，造成水土流失和自然生态景观遭破坏。②发展粗放，污染多源；设施薄弱，污染累积。乡镇企业的"三废"污染、农业面源污染、畜禽养殖污染难以治理，而长期的城乡二元结构中，对乡村环境保护的投入不足造成中小城镇和广大乡村环境基础设施薄弱，没有配套的市政排水管网、污水收集与处理系统、垃圾转运与处理系统等环境基础设施，乡村治污能力严重不足。③"以粮为纲"政策也对农村环境产生巨大影响。粮食的稳定快速增长，一是靠扩大耕地面积，二是靠提高土地单位面积生产力。耕地面积的扩大很大程度是围湖造田、毁林开荒的结果，这些行为造成了农村大量土地沙化和严重的水土流失。④乡村环境的管理机制滞后，效能不高；居民意识落后，主动性差。多数地区的乡村环境管理仍然处于空白状态，缺乏专业的机构和管理人员。而居民普遍缺乏环境保护意识和主观能动性，只顾眼前利益，进一步妨碍了环境保护工作的开展。

积极推进农村城市化和小城镇建设，必须要将重点放在基础设施和公共服务设施建设，以及改善乡村人居环境上。在现代化的进程中，许多国家都曾面临乡村建设这个问题，韩国的新村运动、日本的"一村一品"造村运动、印度的"绿色革命"以及法国"一体化农业"，都是对新农村建设的大胆尝试，试图在土地、环境以及经济发展中寻找平衡点。而我国学者也从不同的视角进行了乡村建设的研究，提出了生态社区、绿色社区、和谐社区以及宜居社区等概念。党在十八上再次强调要加强城乡社区的民主建设和强化农村社区的服务功能，继2008年浙江省安吉县提出"中国美丽乡村"计划后，将"生态文明"引入"五位一体"的社会主义建设总布局中，以生态文明理念推进中国美丽乡村建设。

（3）景观环境

乡村景观是自然景观与人文景观的综合，与乡村居民的生活生产有密切关系。乡村景观具有社会、经济、生态和美学价值。从乡村社区景观构成要素来看，街坊、庭院景观，街巷、道路景观，广场、绿地景观，河流、水系景观以及乡村特色景观均存在诸多问题。这些问题不仅制约了乡村社区景观建设的开展，也阻碍了乡村社区景观环境的可持续建设。

1）街坊、庭院景观

乡村庭院是随着我国传统农耕文明和小农经济发展而形成的农民生产生活的基本场所，展现着农家人的生活状态，直接影响着乡村人居环境。虽然我国新农村的建设一直在

进行，却存在着如下问题：

整体环境层面，庭院内生产与生活功能混杂，生态环境较差，基础设施不完善，农村绿化缺少严格的规划，或者是存在一定的规划但实施过程中并没有严格执行，绿化布局上显得零散，不具美观性，部分乡镇在前期能做到高覆盖的目标，但在后期的维护和保护不足，使绿化受到了破坏。此外庭院自然排放的废水以及家禽家畜的养殖等对整体环境影响巨大。景观功能设施层面，庭院中景观小品构成单一，部分庭院缺乏景观小品以及照明设施；景观营造上，由于缺乏对庭院景观的规划，出现了景观效果差、生态作用低的现象。部分农民还存在较老的思想，认为土地就是用来种粮的，因此后期会有部分绿化地被农民改建，重新种粮。

2）街巷、道路景观

随着社会主义新农村建设进程的加快，在街道景观空间提升上已经取得了一定的成果，比如环境卫生得到了一定程度的改善，村容村貌也有了一些改观。尽管如此，还存在以下不可忽视的问题：

整体环境营造上，部分道路破坏了乡村生态环境、道路景观缺乏地域特色；景观组织上，部分道路两侧建筑布局杂乱，主要道路两侧缺乏对建筑构造的协调性要求；功能层面上，乡村街巷、道路除考虑通行外兼具居民交流和市集的功能，缺乏道路色彩、广告尺寸、路面和建筑之间的协调，应结合实际情况考虑道路宽度、铺装、亮化；景观构成上，缺乏对软硬质铺装的协调考虑，结合绿化种植的搭配丰富景观层次，选择多种形式的路灯丰富乡村夜间景观。

3）广场、绿地景观

乡村的广场、绿地景观作为"乡村客厅"，承担着多种乡村活动功能，也是历史文化、自然美和艺术美交融的空间。因此，在乡村建设过程中，广场、绿地的景观问题不容忽视。

景观整体布局层面，由于管理者缺乏对乡村社区环境的了解，存在选址不佳，盲目追求城市广场景观的形式，使整个广场、绿地景观的营造与周围环境格格不入；景观营造层面上存在自然生态环境差，绿化空间少等问题，视觉观感较差。另外设施陈旧，各类功能设施（信息设施、卫生设施等）在数量、质量、安全性和与环境相关的适宜性等方面均需要加强，广场、绿地利用率低；景观特色层面上缺乏对于文化特色的表达，使人们对场所精神感受不是很强烈，导致村民参与度不高。

4）河流、水系景观

乡村河流、水系景观的问题主要是景观特色和品质，其次还包括河流景观文化以及相关景观配套设施。

目前河流水系景观的主要问题是：水质变差、水体污染严重，缺少河流水系景观，岸线风貌单一，缺乏特色；其次水系与村民生活的关系淡化、村民生活缺少亲水的活动以及河道周边绿化不成系统，视觉美感稍差，季节性明显，秋冬缺少景观也是突出的问题；现今在乡村河流、水系的建设中，多集中在水质恢复、水体自然形态恢复和乡土植物恢复等方面，对于文化历史恢复、滨水活动空间改善和基础设施改善等方面关注较少。

5）特色景观

新农村建设以来，乡村建设逐渐呈现千篇一律的问题，缺乏因地制宜的规划，忽略了对于传统文化的积淀与传承，缺乏灵魂。乡村特色景观存在的主要问题如下：

景观整体环境过于形式主义，盲目模仿城市景观，景观元素单调，缺乏对于整体特色风格的营造；居住区以及公共活动空间如广场、河道、街边道路等，自然景观的营造效果相对较差，景观小品较单一，缺乏生态性，没有体现出乡村特有的自然宜人的氛围；在人文景观塑造方面，受城市文化冲击的影响，部分景观的营造并没有体现当地的特色，缺少对文化的再现和传承，缺乏对景观细节的处理以及当地历史文化的展现。

生态文明建设、城乡一体化发展和美丽乡村建设为乡村环境优化建设带来了政策、技术、资金等方面的良好机遇。如果乡村能够利用好这个机遇转型升级，则可大大提高乡村社区环境质量、宜居性和景观质量；如果被动等待，不仅旧的环境退化趋势不能扭转，还会面临城镇化和工业化产生的新的污染。因此，深入调研和分析我国乡村社区环境质量和环境优化建设的现状，剖析乡村社区生态环境问题形成的根源和可能的发展趋势，并提出因地制宜、科学有效的乡村社区环境优化建设技术体系，引导和促进乡村社区环境转型升级，是保障城乡一体化可持续发展和美丽乡村建设目标实现的重要保障。

第二节
调研的目的与意义

1.　调研目的

本次宜居乡村社区调研是"十二五"国家科技支撑计划重大项目——"村镇宜居社区与小康住宅重大科技工程"中的课题"乡村社区环境优化建设关键技术研究"的重要内容之一。本课题将围绕在乡村发展过程中的环境优化问题，开展农村生活垃圾分类收集与转运技术；因地制宜的农村有机垃圾生物处理与资源化利用技术；宜居社区人文环境建设和整治技术；宜居社区自然生态环境保护与建设技术；宜居社区景观营造技术等方面内容的研究工作，为综合改造我国乡村社区环境，提升乡村人居环境质量提供技术支撑。

本次调研的目的在于：①全面掌握我国乡村社区环境质量、环境保护和环境建设现状，推进社会主义新农村建设；②准确地把握乡村社区干部、居民对乡村社区环境建设的真实需求；③发现乡村生态环境建设的先进经验和模式，并进行总结和凝练；④发现乡村普遍存在、居民反映突出的环境问题，有针对性地提出技术方案；⑤为我国乡村社区环境优化建设技术体系的构建提供基础资料。

2.　调研意义

本次调研深入基层乡村，以实地问卷调研的形式，对全国300多个乡村社区的村委会和近3000位居民进行了面对面的访谈调研。通过调研，对这些乡村社区的基本情况、环境健康水平、环境污染现状、环境保护措施、生态资产禀赋、生态安全、景观现状等有了较全面的了解。同时，对村委会管理人员和居民对未来社区发展规划和环境建设目标有了较客观的认识和把握。

基于调研成果，本课题在构建我国乡村社区环境优化建设的技术体系中不仅可以提供乡村环境客观实际的各项数据，还可准确解析和顺应乡村实际需求。同时，本调研成果还包括《2014乡村生态环境现状调研数据库信息系统》（计算机软件著作权登记号：2015SR265136），供本课题组和从事相关领域研究的技术和管理人员共享。

第三节

调研内容

本次调研包含村委会和居民两大部分，每部分大致分为基本情况、健康评估、环境现状、生态资产、景观现状和发展规划等内容。其中村委会调查问卷包含6个部分，主要是填空和选择的形式；居民调查问卷包含5个部分，也以填空和选择为主。

村委会和村民调研问卷的内容和结构见表1-1和表1-2。

村委会调研问卷相关项目内容　　　　　　　　　　　　表1-1

项目	内容和题目设置
基本情况（A）	A1村庄基本情况
	A2人口情况
	A3社会服务基础设施
健康评估（B）	B1人居环境
	B2社会发展
	B3生态资源
	B4环境整治
	B5安全防灾
生态资产（C）	C1~C9 选择题
	C10乡村社区自然资源和功能价值调查表
景观现状（D）	D1~D14 选择题
生态安全（E）	E1~E16 选择及填空题
发展规划（F）	F1~F10 选择及填空题

居民调研问卷相关项目内容　　　　　表1-2

项目	内容和题目设置
基本情况（A）	A1~A18 出生年月、性别等基本情况
环境现状（B）	B1~B16 选择题
生态资产（C）	C1~C10 选择及填空题
景观现状（D）	D1~D10 选择题
发展意愿与规划（E）	E1~E15 选择及填空题

第四节
调研方法

1. 调研范围

本次调研共涉及全国25个省、市及自治区，不包括港、澳、台地区。根据各省、直辖市、自治区的分布情况分为8个区域，分别为各个区域编号1~8（表1-3），除港、澳、台地区外覆盖全国。同时根据各省、直辖市、自治区所处的位置，将其划分为7大区域位置（表1-3），以便于更直观地了解调研地位置。

2. 调研方式

以行政村为单位，每个村的调研对象包括村委会和10名居民，小村庄的居民数在5~10之间。在居民取样时考虑涵盖不同性别、不同年龄层次、不同教育背景、不同经济背景居民。

本次调研采取走访问卷调查的方式。为了保证所获取的问卷调查数据的有效性，对于看不懂、看不清问卷内容的居民，由调查人员以问答的方式对居民进行调查，以确保调查问卷数据的真实性与有效性。

本次调研理论上是各省、直辖市、自治区分别选取3个乡村，每个随机抽取10人进行问卷调查，但是由于各区域的发展情况不同以及科学研究的侧重点不同，在经济发达、环境问题突出的华东地区增加了调研村庄的密度，以便于今后的深入研究。

中国乡村社区环境现状调研范围分布 表1-3

位置	区域编号	省份及直辖市名称
东北（三省）	2	辽宁、吉林、黑龙江
华北（两省两市一区）	3	河北、山西、北京、天津、内蒙古自治区
华东（六省一市）	1、4	山东、江苏、浙江、安徽、福建、江西、上海
华中（三省）	5	河南、湖南、湖北
华南（两省一区）	6	广东、海南、广西壮族自治区
西南（三省一市一区）	7	四川、云南、贵州、重庆、西藏自治区
西北（三省两区）	8	陕西、甘肃、青海、宁夏回族自治区、新疆维吾尔自治区

注：港、澳、台地区不在统计范围。

第五节

数据处理

1. 问卷分布情况

最终调研的乡村数量为299个，其中华东190个，东北18个，华北19个，华中27个，华南13个，西南25个，西北17个。大部分乡村集中在华东地区，山东省调研乡村数量为最多，达126个（见表1-4）。

区域调研乡村数量分布 表1-4

区域编号	区域名称	调研乡村数量
1、4	华东	190
2	东北	18
3	华北	19
5	华中	27
6	华南	13
7	西南	25
8	西北	7
	合计	299

2．问卷回收情况分析

村委会问卷共投放300份，回收299份。居民问卷共投放3000份，回收2990份。村委会问卷及居民问卷的回收率均为99.7%。之所以出现这样的结果，是因为本次调研主要采取了走访调查的方式，确保了问卷的回收率。最终进行数据整理，村委会问卷可用问卷数为292份，可用率为97.7%；居民问卷可用数据为2929份，可用率为98%。

3．数据库构建

原始数据录入完毕后，仔细核对表格的各部分前后是否能够对应起来，以确保数据的完整。对于缺少数据、冗余数据需要核对调查问卷所记录的原始数据，对数据进一步完善，以确保数据的真实性与有效性。

核对后的数据按照要求分成不同的部分，并导入数据库指定文件夹保存，以方便今后的数据查询（图1-1、图1-2）。

可以对导入数据库的数据进行一系列的操作，如统计、查询、排序、筛选、组合等操作，具体功能如下：

（1）统计：基础的统计功能，如求和等；

（2）查询：对需求数据进行查询；

（3）排序：根据需要对数据进行排序；

（4）筛选：按照需要筛选出研究数据；

（5）组合：对不同的数据类型进行组合；

（6）保存：将所需数据保存，以便于今后使用；

（7）打印：将获取的数据打印；

（8）退出：退出软件。

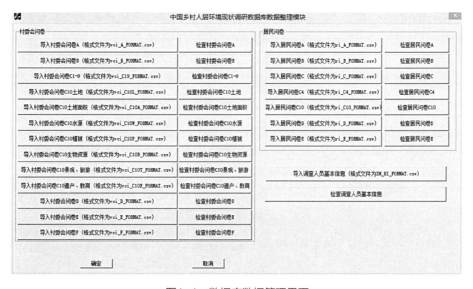

图1-1　数据库数据管理界面

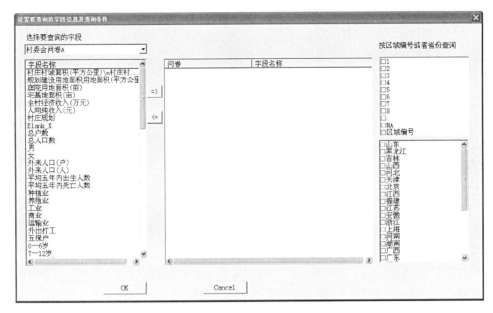

图1-2　数据库组合查询界面

4. 调研存在的问题

本次调研主要采用走访调查方式，调查者在旁边将难以理解的科学术语以通俗的方式进行解释，以确保被访问者能够做出正确判断，同时确保了问卷质量。

虽然整个调研活动顺利进行，仍然存在一些不足之处。如调查问卷某些部分内容太过专业化，被调查者理解起来有一定难度，同时采访者在解释的过程中仍然会存在一些差异，导致被调查者的理解偏差；部分题目如何填写没有标明，导致答案形式各异，不够统一；被调查者比较分散，人手不足的情况下费时费力，效率较低；各年龄层分布不均，大多数乡村老年人较多，中年人外出打工长时间不在村子居住。本次调研整体上是比较成功的，涵盖了乡村社区各个层面，同时获取了第一手资料以及数据，对今后的科学研究提供了数据支持。

第二章
乡村社会、
经济、环境
概况

第一节

村庄概况

1. 村庄大小

（1）村域面积

对东北、华北、华东、华中、华南、西南、西北7个地区的25个省、市、自治区所做的问卷调查结果进行统计处理（图2-1），结果显示：平均村域面积最大的是华南地区，约占8平方公里；其次是东北地区，平均村域面积是5平方公里；华东地区和西南地区平均村域面积都约为3.7平方公里；西北地区和华中地区的村域面积分别约为3.3平方公里和3.2平方公里；华北地区平均村域面积最小，约为2平方公里。

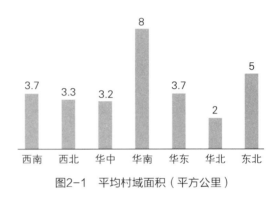

图2-1　平均村域面积（平方公里）

（2）总户数和总人口数

调查结果显示：在华中、华北、华南、华东、东北、西北、西南7个区域中，村庄平均户数最多的是华北地区，为804户，该地区村庄平均人口数为2226人；村庄平均户数排第二位的是华南地区，为799户，该地区村庄平均人口数为4855，是7个地区中村庄平均人口数最多的地区；西南地区和西北地区村庄平均户数分别为776户和659户，该两地区的村庄平均人口数分别为2898人和2384人；华中地区和华东地区的村庄平均户数为559户和557户，该两地区的平均村庄人口数分别为2183人和1867人；平均村庄户数最少的是东北地区，为410户，该地区的村庄平均人口数为1491人（图2-2和图2-3）。

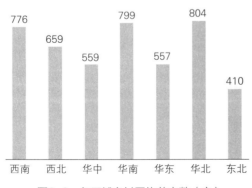

图2-2　各区域乡村平均总户数（户）

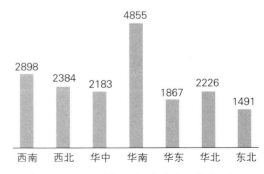

图2-3　各区域乡村平均总人口数（人）

2. 村庄经济概况

图2-4表明，在华中、华北、华南、华东、东北、西北、西南7个区域中，农村人均纯收入最多的是华东地区，约9369元，该地区经济崛起较早，整体经济水平高，对于农村经济水平的提高具有重要作用；其次是华中地区，约6846元；西北地区和华北地区的农村人均纯收入分别约为6300元和5435元；东北地区的农村人均纯收入约为5167元；西南地区和华南地区的农村人均纯收入约为4161元和4209元，该两地区气候条件和地形条件相对较差，经济发展起步晚，农村人均纯收入低。

3. 发展规划编制情况

村庄发展规划在促进村庄经济建设、完善村庄功能、合理利用村庄土地、改善农民居住环境等方面都发挥着重要的作用。结果表明，调研乡村中有65%的村庄编制了发展规划，但仍有35%的村庄没有编制发展规划（图2-5）。

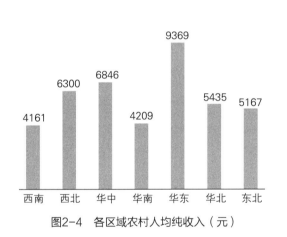

图2-4　各区域农村人均纯收入（元）

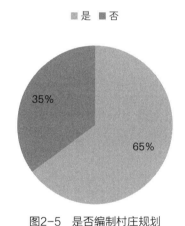

图2-5　是否编制村庄规划

第二节
人口结构和从业情况

1. 年龄结构与性别比例

调查结果（图2-6、图2-7）显示：调研乡村人口年龄结构中占比例最多是19～60岁（占56.50%）的劳动力人口；60岁以上老年人占18.3%，老年系数远远超过了标准值（10%），人口老龄化严重。我国男女性别比例相对均衡，但男性比例高于女性。因此，关注乡村老年人养老问题，调控好乡村人口男女性别比例，应给予重视。

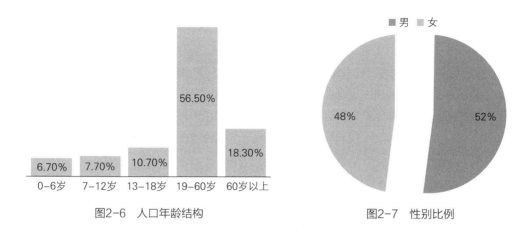

图2-6 人口年龄结构　　　　　　　　图2-7 性别比例

2. 职业构成

乡村人口数量多，因受文化、地理等条件的限制，其就业结构与城市有较大差别。我国是一个农业大国，种植业仍然是主要行业。与此同时，随着经济的不断发展，乡村经济的发展模式也发生了很大变化，人们不再以农业作为单一的生活、生产方式，运输业、商业、旅游业等也逐渐成为乡村经济发展的新兴行业，如图2-8所示。

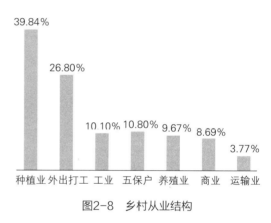

图2-8 乡村从业结构

在调研乡村中，种植业仍然是乡村居民从事的主要职业（从业人口比例为39.84%），其次外出打工占26.80%，工业占10.10%，养殖业占9.67%，商业占8.69%，运输业占3.77%。同时，乡村中五保户人口占有相当一部分比例（10.80%）。

第三节
基础设施建设概况

1. 公共服务设施

公共服务设施建设是改善民生、保障社会公平与稳定发展的重要基础。改善农村公共服务，是改善农民生产、生活条件的重要基础，是推进新农村建设的重要内容和关键环节。同时，农村公共服务水平的高低，是衡量一个国家和地区农村经济社会发展和城乡协调发展水平的重要标志。

调查表明（图2-9），调研乡村的公共服务设施普及率较高。卫生室和商店普及率超过了80%，乡村小学、幼儿园、图书馆、室外活动场地、农村超市、饭店普及率超过了50%，乡村居民享有的公共服务水平有了较大提高。

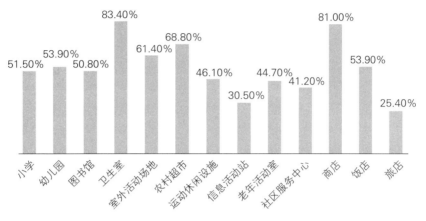

图2-9 农村公共服务设施普及情况

2. 乡村基础设施建设

农村基础设施建设是发展农村经济和改善农民生活的必备条件，是城乡协调发展的关键纽带，是推进社会主义新农村建设的物质基础。

（1）交通工程

调查表明（图2-10），调研乡村中仅有44%的乡村目前实现了硬化道路户户通，仍有大部分乡村处于不便利的交通生活条件。加快乡村公路支线建设，在"村村通"的基础上加强村内道路建设，是未来改善乡村交通状况的重要方面。

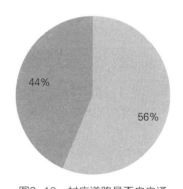

图2-10 村庄道路是否户户通

（2）能源结构

调查表明（图2-11），调研乡村中仅有8%的乡村有集中供暖，这表明：①有很少农村居民能享受到集中供暖带来的便利；②集中供暖能减少污染、降低能耗，集中供暖缺失可增加采暖季散煤燃烧和空气污染压力。因此，优化乡村能源结构和供暖设施建设，对于提高乡村居民生活质量和环境质量具有重要意义。

乡村所用能源种类多样，主要集中在煤、沼气、液化气、电、柴木以及太阳能。问卷涉及了以上各种能源在乡村的使用普及率。调查结果（图2-12）显示：调研乡村中煤炭的使用户数占10.1%，沼气使用户数占1.9%，液化气的使用户数占16.9%，电的使用户数占19%，柴木的使用户数占15.3%，太阳能的使用户数占11.8%。其中使用范围最广的是多种能源混合使用，混合使用的户数占25%。

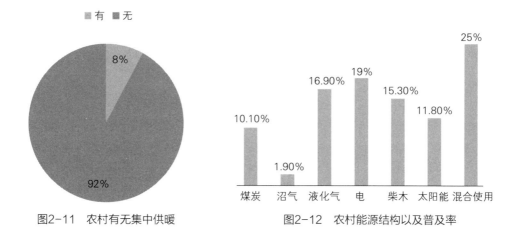

图2-11　农村有无集中供暖　　　　　　图2-12　农村能源结构以及普及率

（3）其他公共服务

如图2-13所示，调研乡村中仅有43.6%的乡村有网络服务，有线电视和电话的普及率分别为79.1%和83.6%，自来水普及率为79.50%。在信息化时代，乡村网络、电话、电视等主要信息传播工具的普及率还需要大幅度提高，为乡村经济和社会发展提供便利。

3. 环境基础设施

环境基础设施是农村基础设施的重要组成部分，主要包括污水处理、垃圾处理等公共设施。本次问卷主要针对乡村有无污水处理设施、污水处理率、垃圾无害化处理率、公共厕所合格率、厕所入室率、有无防灾减灾设施、有无灾害应急机制等主要问题进行了调查分析。

调查结果（图2-14）显示：乡村污水处理等设施很不完善，调研乡村中仅有22.4%的乡村设有污水处理装置，有27.1%的乡村有污水排水管网，有56.9%的乡村有防灾减灾设施，仍有36.6%的乡村没有此类基础设施。

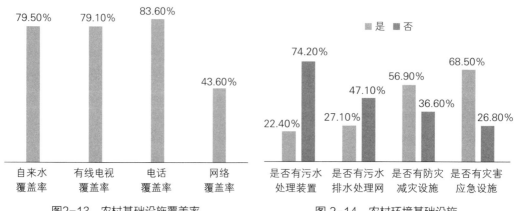

图2-13　农村基础设施覆盖率　　　　　　图2-14　农村环境基础设施

调研乡村中，乡村平均垃圾无害化处理率仅为28.58%，厕所入室率仅为33.63%，仍有大部分村庄在使用公共厕所。同时，我们也对公共厕所的卫生情况进行了调查统计，结果表明，仅有26.45%的公共厕所卫生是合格的（图2-15）。

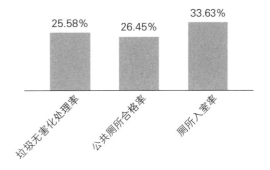

图 2-15　农村环境基础设施

4. 生态环境保护规划和目标

生态环境安全的维护离不开规划和目标的制定，要想保护野生动物、改善环境、发展乡村经济离不开"目标在先"的原则。调研结果表明：调研乡村无任何生态环境保护规划和目标的情况广泛存在，占调研乡村总数的61%，有规划和目标，但并不实施的占20%，而实施有效的规划和目标的仅占总体的19%。

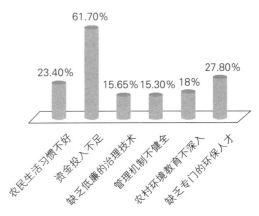

图2-16　农村制约环境治理的问题

5. 制约农村环境综合治理的问题

问卷针对制约农村环境综合治理的问题也做了调查，结果表明（图2-16），制约农村环境治理的主要问题是农村生活习惯不好、乡村环境治理资金投入不足、乡村缺乏低廉的治理技术、乡村的管理机制不健全以及乡村环境教育不深入和缺乏专门的乡村环保人才。其中，对乡村环境治理制约作用最大的就是乡村环境治理的资金投入不足，其次是缺乏专门的环保人才。

第四节

乡村社区绿化概况

1. 村庄林地概况

乡村绿化是改善人居环境和生态文明建设的重要组成部分，调查结果（图2-17）表明：调研乡村中，大部分村庄周边林地情况一般（占39%）或状况好（占36%），少部分村庄周边林地状况很好（占17%），极少数村庄周边林地状况不佳（5%），甚至很差（3%）。这说明村庄周围林地情况总体较乐观，但大部分村庄周边林地存在不同程度的退化，需要保护和修复。

2. 社区绿化方式

调查结果表明（图2-18）：调研乡村中超过一半（60%）的乡村社区采取村集体引导和村民自发的绿化方式，26%的乡村社区完全由村民自发进行绿化，14%的乡村社区完全由村集体主导进行社区绿化。

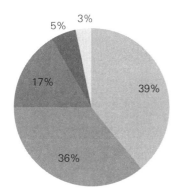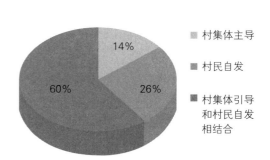

图2-17　村庄周边林地情况　　　　　　图2-18　村庄内绿化主要采取的方式

3. 乡村绿化的常用树种

本次问卷主要针对乡村常用绿化树种进行了调查。从调研乡村总体情况看（图2-19），乡村常用的绿化树种有毛白杨、旱柳、松树、樟树和槐树等，其中使用范围最广泛的就是毛白杨，其次是各种松树和旱柳。

另外，调研记录的乡村绿化树种中，有86%是果树（图2-20）。常用的绿化果树有橘子树、桃树、柿树、苹果树、梨树等。利用果树作为绿化树种，不仅能达到绿化效果，同时还有一定的经济价值和生态价值，这也是它们得以广泛种植的主要原因。

图2-19　全国范围内乡村常用绿化树种　　　　图2-20　乡村常用绿化果树

第五节

结语

1. 乡村社区社会、经济、环境发展成果

综合分析调研结果，可以发现我国乡村社区在社会、经济、环境方面取得了显著成果，突出表现在以下几个方面：

（1）教育、医疗、体育、文化等公共服务设施建设取得了长足进步，约80%的村庄实现公路村村通、设立卫生室，用上自来水、电话和有线电视，约50%的村庄设有小学、幼儿园，并且宽带网入户。现代化和信息化程度大大提高。

（2）人均纯收入有了较大幅度的提高，年人均纯收入普遍达到5000元以上，华东地区达到9000元以上。65%以上的村庄编制了发展规划，有明确的发展目标和方案。

（3）环境基础设施建设实现了零的突破，并快速发展，20%以上的村庄建立污水管网和污水处理设施，36%的村庄建设了相应的防灾减灾设施，30%以上的村庄有环境保护目标。

（4）乡村社区绿化逐渐被重视，60%以上的村庄以村集体主导和村民自主绿化结合的形式对社区环境进行了绿化。

2. 乡村社区社会、经济、环境发展中存在的问题

调研中发现乡村社区社会、经济、环境发展中也存在一些问题。有些是多年积累的老问题，有些是社会发展中出现的新问题。这些问题主要表现在：

（1）乡村人口老龄化问题凸显，60岁以上人口达18%。虽然劳动力人口仍然是主力，但未成年人口只有劳动力人口的一半。

（2）基础设施建设仍然薄弱，集中供暖率不足10%，冬季散煤燃烧较多，是潜在的空气污染源。仍有大量村庄没有实现村村通或户户通，交通落后阻碍经济发展。

（3）环境基础设施建设是短板，污水集中处理率和垃圾无害化处理率低，厕所入室率低，很多村庄没有环境保护规划或者执行不到位。

（4）乡村生态保护和社区绿化缺乏科学规划和技术资金支持，乡村周边生态环境退化，社区绿化物种单一，绿地面积少等问题普遍存在。

3. 建议

针对乡村社区社会、经济、环境发展中存在的问题，提出以下建议供参考：

（1）充分利用新型城镇化建设和美丽乡村建设的机遇，优化乡村人口结构和布局，统筹考虑和解决乡村居民养老、就业等问题。

（2）继续加大乡村设施建设力度，利用好生物质能、太阳能、风能等清洁能源，完善

乡村社区供热系统，优化能源结构，减少污染。完善乡村社区道路、公交系统建设，为乡村发展提供基础条件。

（3）加大投入研发适宜乡村的污水、垃圾收集和处理设施，深化乡村生活垃圾分类收集和资源化利用，从根本上解决乡村垃圾问题。

（4）推进乡村发展和环境保护规划的编制和实施，研发因地制宜的乡村生态环境保护和修复技术，扭转乡村生态环境退化的趋势，促进乡村生态环境好转并向美丽乡村建设方向快速发展。

第三章
乡村自然
生态环境
现状

第一节
自然环境现状

1. 大气环境质量

调查结果显示：华北、华中、西南地区的被调查者认为当地空气存在污染严重的情况（图3-1），其他地区的被调查者承认当地存在污染的情况但是没有达到污染严重的程度，说明华北、华中、西南地区空气污染需要引起警惕并且当地空气污染可能开始加剧。但是西南地区认为不存在污染的人群百分比达70%，远远超出认为存在污染人群所占的百分比，造成这一差异的原因可能是同一地区不同区域的差异。东北、华东、西南地区认为存在污染和不存在污染的人群所占百分比接近，说明该地区不同区域的空气污染程度差异，有的地区无污染，有的地区存在污染，但是均未达到污染严重的程度，华南地区认为存在污染的人群所占的百分比远远高于认为不存在污染人群所占百分比，说明整个地区大部分区域存在空气污染的情况。

由图3-2可以看出：西北地区空气污染主要污染源为燃煤污染，其次是秸秆焚烧与其他污染源；东北地区空气污染源主要是秸秆焚烧，其次是燃煤污染，工业污染与其他污染；华北地区空气污染源主要是其他污染，其次是工业污染、秸秆焚烧、燃煤污染；华东地区空气污染源的秸秆焚烧与工业污染所占比例相近，其次为燃煤污染、其他污染；华中地区空气污染源主要是秸秆焚烧，其次是工业污染，其他污染；华南地区空气污染源主要是秸秆焚烧，与华中地区相似；西南地区主要污染源为工业污染，其次为秸秆焚烧、燃煤污染、其他污染。

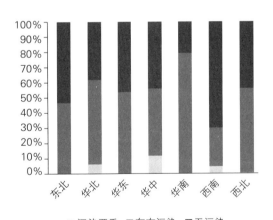

图3-1 各区域污染情况

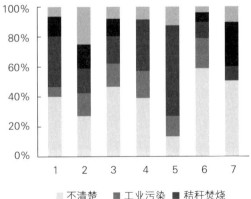

图3-2 空气污染源分布情况

2．水环境质量

从图3-3可以看出：只有华中以及华东地区有人认为当地水污染严重，华中地区认为污染严重的人群所占比例最高，为12%左右，其次为华东地区，为4%左右，说明当地水污染已经开始加剧。其他地区都有人承认当地存在污染，但是没有达到重度污染的程度。东北以及华北、西南地区一半以上的人认为当地不存在水污染的情况，而且所占比例明显高于认为存在污染的人群，造成这种差异的原因可能是同一地区不同区域水污染程度不同，导致了人们的认识出现差异。华南以及西北地区一半以上人群认识到了水污染的存在且比例明显高于认为不存在水污染问题的人群，说明该地区水污染已经较明显。

3．土壤环境质量

从图3-4可以看出：只有华中、华东地区有人认为当地土地污染严重，说明当地土地污染问题已经引起注意；东北、华南、西南、西北地区认为当地土地存在污染的人群所占的比例明显多于认为不存在污染的人群，说明当地土地污染已开始引起人们的注意；只有华北地区认为不存在污染的人群所占的比例明显高于认为存在污染的人群，说明当地土地污染还不足以引起人们的关注。

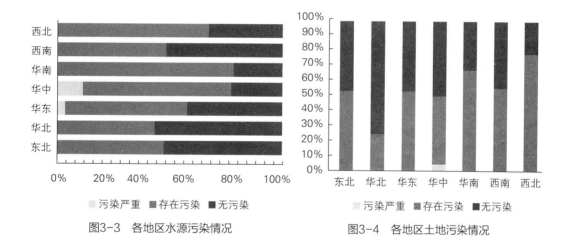

图3-3　各地区水源污染情况　　　　　　图3-4　各地区土地污染情况

第二节

生态环境现状

1．植被覆盖率

由图3-5可以看出：西北地区植被覆盖率最高，达60%以上；华东与华南地区植被覆盖率较接近，约为10%；西南、华北、华中地区植被覆盖率为0～10%。

2. 植被组成情况

如图3-6所示，主要植被类型为天然生态林、人工防护林、果园、用材林、疏林灌丛、荒草地、水生植被。每种植被类型在各大区域均有分布，但是各有差异。其中西北地区人工防护林面积以及荒草地面积最大，华南地区用材林面积最大，华东地区天然生态林面积最大，果园面积华东与华南较接近。其他植被类型差异不是很明显（因乡村调研以农田为主，东北地区的林地主要分布在林区，故覆盖率低）。

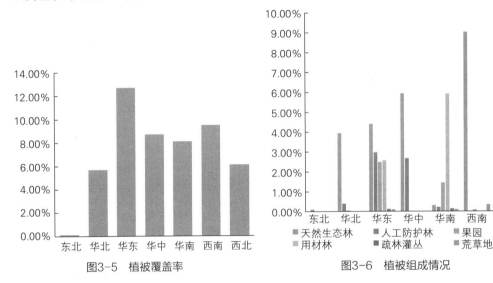

图3-5　植被覆盖率　　　　　　　　图3-6　植被组成情况

3. 野生动物情况

野生动物种类和数量是衡量生态环境质量的重要方面，我们可以根据野生动物的情况来分析当地的生态环境。从调研乡村总体看（图3-7），乡村几乎没有野生动物的情况占了一大部分（42%），其次的情况就是有野生动物，但是野生动物的数量和种类在逐渐减少，仅有9%的乡村存在野生动物并且野生动物在增加。

第三节

生态安全现状

1. 耕地安全状况

"民以食为天"——农业乃国家之根本，而耕地则是农业最基本的依存形式。在对东北、华北、华东、华中、华南、西南、西北7个地区的25

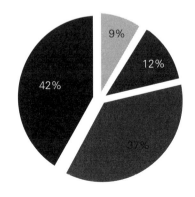

图3-7　野生动物种类情况

个省、市、自治区所做的问卷调查结果显示：
农村耕地维护情况绝大部分都是由居民户自
己耕种，其次是耕地被承包出去，只有8%的
耕地被转让和村民自己转包出去（图3-8）。
农民自己的耕地质量对农作物产量的影响至
关重要，本次调研对耕地质量进行了评估
（图3-9），总体来说耕地质量良好，调研中
"质量好，产量高"的占28%，"有部分退化"
的占43%，问题较严重的"有部分污染"和

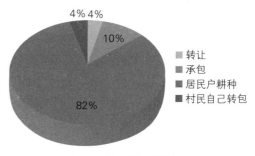

图3-8　村里耕地维护情况

"有部分需要退耕"的耕地分别有10%和14%，而具有严重退化问题的占5%，几乎没有严
重污染问题的土地，而将东北、华北、华东、华东、华南、华中、西北、西南7个地区的
耕地质量状况进行比较，可以看出华南、西北、西南"质量好、产量高"的耕地所占比例
相对其他地区偏少，华东地区各种耕地情况复杂，所有地区耕地普遍存在部分退化状况。

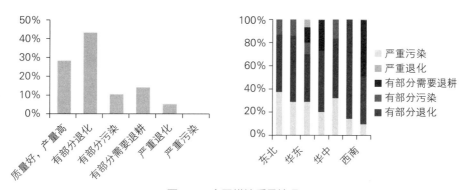

图3-9　全国耕地质量情况

耕地退化的原因（图3-10）污染占39%，其次是地形不宜耕种占25%，干旱、贫瘠、
盐渍化、沙化所占的比例分别是11%、10%、9%、6%，这样可以理解图3-9中，西北地区
有部分退化耕地占很大一部分，而主要原因就是西北地区很多地方地形不宜耕种。耕地有
污染的地区主要在东北、华北、华东和华中地区，这与人口密度分布规律大致相同，污染
的原因复杂多样，受化肥污染占32%，受工业污染占28%，受农药污染25%，受水源污染
15%（图3-11）。这表明，目前我国农耕土地被占用问题严重，现有土地由于多年耕作、
化肥滥用、农田大水漫灌等原因土壤肥力下降，退化程度高，如何提高土地利用效率，保
持土壤肥力的理论研究与技术指导还需要落实。

2.　水资源安全状况

水资源的生态安全状况影响着乡村生产生活的正常进行，进而关系着人口增长和人民
生活水平提高而带来的对农产品基本需求的满足能力。村庄内水体质量高，则农作物污染

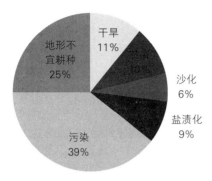

图3-10　耕地退化主要原因

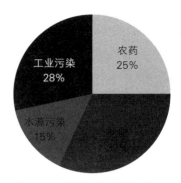

图3-11　耕地污染主要原因

少，村民不受由水污染带来的疾病困扰。本次调研对全国范围内村庄地表水和地下水的情况进行了调查，在对数据进行处理后发现，村庄内小河流、小溪等地表水无防污措施的村庄普遍存在，尽管绝大部分地区（除西北地区）的村庄对于地表水的保护都有村规民约，但是很大程度上没有严格执行，而对于污水处理工作，华北地区做得最好，这与华北地区发达经济实力有密不可分的关系（图3-12）。

图3-13和图3-14反映了村庄内地下水污染情况以及主要污染来源情况，数据显示大

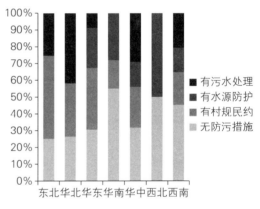

图3-12　村庄内地下水污染情况

多数受访者对于水污染情况和造成水污染的原因是模棱两可的：在地下水污染情况中，有56%的受访者表示村庄地下水有污染，但并没有检测过，剩下不到50%的受访者中，认为村庄内地下水无污染的占34%，污染严重以致无法饮用的水源占10%；对于地下水污染源，有40%的受访者认为是生活污水，同时也有相近比例的人选择不清楚，剩余12%的受访者认为是工业废水，9%的受访者认为是农药积累。这两类数据除了反映当前全国村庄地下水污染情况及其原因之外，更明显的一方面是接近一半的答案显示出了受访者内心的不确定性。这揭示了：①平时村民对水资源的关注较少，很少考虑水资源保护、水质量安全的问题；②当地政府没有强有力的措施将水资源管理纳入管理体系中；③水资源检测技术没有普及；④村民乃至村镇政府对水资源保护的意识淡薄，没有采取有效的保护措施。

3. 山体植被安全状况

森林是农业生态环境的主体，对农业生态系统的调节和控制影响重大。调研统计结果表明（表3-1）在东北、华北、华东、华南、华中、西北、西南7个地区中，自然植被最好

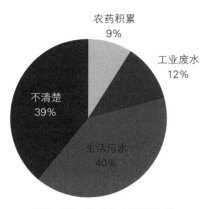

图3-13　地下水主要污染源

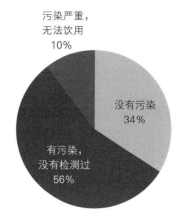

图3-14　村庄内地表水的防污染措施情况

的是西南、华中和华南地区，分别占总山地情况的27%、23%和23%，人工林覆盖情况乐观的是华中和华南以及东北地区，分别占29%、24%和23%。因而总体来说，山林安全情况最有保障的是华南地区，这个地区没有大量山体破坏，自然植被的保护利用和人工林的栽植维护互相结合，果园和梯田的种植管理也能农民带来不少收入，而华北地区的情况就差强人意，不仅山体破坏现象严重，自然植被和人工林的面积相对较小，该地区以京津冀为中心，是国家的政治、文化、经济中心，做好山林安全预防对于当地村民乃至全国都具有重要意义。

各地区调研村庄山林情况（%）　　　　　　　　　　　表3-1

	东北	华北	华东	华南	华中	西北	西南
自然植被茂密，很好	0	8	14	23	23	8	27
人工林覆盖，好	23	8	12	24	29	15	13
果园和梯田，还行	0	34	14	18	0	0	0
有草无树	11	0	13	0	11	31	40
没有覆盖	14	0	19	0	0	0	0
少量山体破坏	52	23	17	35	17	46	20
大量山体破坏	0	27	11	0	20	0	0
已被采空	0	0	0	0	0	0	0

第四节

结语

1. 乡村社区自然生态环境质量现状

从调研结果看，尽管自然生态环境退化的问题普遍存在，我国乡村社区自然生态环境仍然具有总体良好的主体和基础，可以作为乡村社区自然生态环境保护的起点。主要表现在：

（1）大部分地区约有1/3或更多的乡村社区认为其大气、水、土壤环境未受到污染，约有1/3或更多的乡村社区认为其大气、水、土壤环境存在污染但不严重。

（2）西北地区乡村人工防护林覆盖率较高，华南乡村人工用材林覆盖率较高，华东地区和西南地区乡村还有一定数量的天然林。另外，果园和草丛也是乡村植被的有益补充，有很好的经济价值和生态恢复潜力。

（3）耕地质量总体良好，主要为质量好和轻度退化，极少为重度污染和重度退化。各地区均有25%～50%的调研乡村有污水处理或水源保护措施，总体有约1/3的乡村水体没有受到污染。

2. 乡村社区自然生态环境存在的问题

调研结果显示目前乡村社区自然生态环境以及生态安全方面存在一些问题，主要体现在以下几个方面：

（1）部分调研乡村大气环境、水环境、土壤环境均存在污染或严重污染的情况，不同程度影响乡村居民的生活生产。

（2）调研乡村森林覆盖率普遍偏低，而且多为人工防护林、人工用材林、果园等；天然林覆盖率非常低。说明乡村植被退化问题较普遍和严重。

（3）野生动物种类和数量分布情况不容乐观，调研区域内42%的乡村几乎没有野生动物，37%的乡村野生动物数量正逐步减少。

（4）各区域耕地普遍存在部分退化或污染的情况。部分地区水资源污染严重，缺少防污措施。华北地区山体植被覆盖率较低，远低于其他地区，同时山体破坏严重，存在安全隐患。

3. 乡村社区自然生态环境保护建议

针对乡村自然生态环境、生态安全方面存在的问题，建议从以下方面推进乡村社区自然生态环境保护工作。

（1）加快制定和推行环境保护相关村规民约，提高居民环境保护意识，防止环境污染进一步加剧。

（2）加大乡村社区植被保护和恢复力度，加快乡村天然林和人工生态林的恢复与重建技术研究，加强乡村生态保护和恢复的技术指导，提高森林覆盖率和森林质量。保护野生动物及栖息地，实现生态系统结构和功能的增强。

（3）提高土地利用率，保持土壤肥力，减少化肥、农药的过度使用。快速推进乡村水资源保护与恢复的技术研发和应用，加强乡村社区污水收集和处理设施建设，保障水资源安全。

（4）保护和恢复山地植被，提高山体植被覆盖率，防止山体的过度开发、破坏，保障山区乡村生态安全。

第四章
乡村社区
人文环境
现状

第一节

人居环境

1. 居住环境质量

（1）乡村空气污染程度

近年来，乡镇企业迅速发展，农村现代化产业水平有了进一步提高，农村经济持续发展。在保证经济增长的同时，农村也越来越注重环境保护。

调研结果显示（图4-1），大多数村庄空气质量较好，占57%；评价一般的占32%。而表示不满的多是针对一些村民直接焚烧处理垃圾的行为，这些垃圾中通常包括塑料制品，若直接燃烧会给环境造成严重的二次污染。

（2）水质综合合格率

农村普遍存在水质综合合格率偏低的情况，造成这种状况的主要原因在于供水点运行管理不到位，没有具备规范的净化消毒措施。

调研结果显示（图4-2），合格率100%的村庄仅占28%，合格率60%~99%占总数的45%，合格率60%以下的占总数的13%。不合格原因主要是由于水样细菌学指标不合格。农村居民的饮用水表面看来清澈但却存在污染，为传染病的发生留下隐患，因此必须重视水质问题。

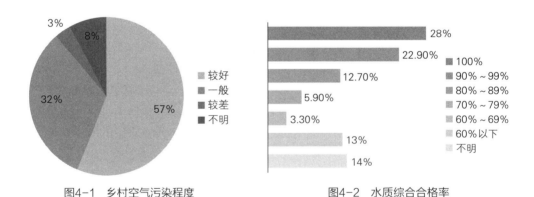

图4-1 乡村空气污染程度   图4-2 水质综合合格率

（3）乡村社区噪声状况

农村区域环境噪声来源一般是工矿企业噪声、道路交通噪声、飞机噪声等。调研结果显示（图4-3），56%的乡村社区噪声情况较好，评价一般的为31%，较差的仅为3%。

（4）人均住房建筑面积

截至2011年，农村人均住房建筑面积为33.6平方米。调研结果显示（图4-4），人均住房建筑面积29平方米以下的占总数的53%，30平方米~39平方米的比例为9.4%。

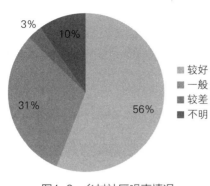

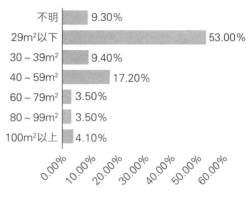

图4-3 乡村社区噪声情况　　　　　　　图4-4 人均住房建筑面积

调研中发现随着新农村建设的推进，部分村庄的农民居住由分散向集中转变，平房向楼房转变，政府还加大了公共服务设施建设力度，农村总体面貌、农民生活质量得到了一定改善。

（5）庭院整洁度

随着经济社会的发展，农村老百姓对生活品质的要求也逐步提高，在积极做好村庄环境卫生治理和绿化工作，健全农村公共服务场所和设施的同时，还应积极引导群众做到居室整洁、庭院洁美。

调研显示（图4-5），40%的村庄庭院整洁度较好，45%整洁度一般，整洁度较差的占4%。数据表明村民重视房前屋后"小天地"的环境问题，努力改变居住环境的脏乱差现象。政府也可以适当引导，培育庭院经济，让村民在环境整治中有所收益。

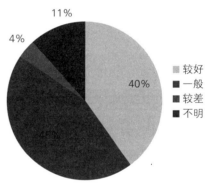

图4-5 庭院整洁度数

（6）人均绿地面积

不同地域的村庄自然条件不同，但逐步建设富有地域特色、与自然和谐共存的社会主义新农村居住环境是共同的目标。

调研显示（图4-6），21%的被调研村庄人居绿地面积为10～50平方米，人均绿地面积10平方米以下的占31%。数据还表明我国村镇建设中，乡村绿化总体水平仍较低，建设也相对滞后，缺乏规划，绿化标准低。

（7）厕所卫生合格率

厕所卫生反映了农村的文明程度。改厕项目也是新农村建设的主要内容。

调研显示（图4-7），仅有10%的厕所卫生合格率达到100%，合格率达80%～99%的占24%；合格率达50%～79%的占15.5%。厕所问题看起来是小事，但对农村群众来说是事关起居、切身利益的大事。开展改厕工作还必须广泛深入普及卫生健康知识，从而发动群众、引导群众。

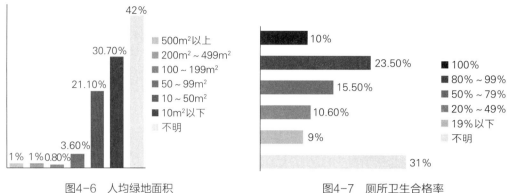

图4-6 人均绿地面积   图4-7 厕所卫生合格率

2. 公共服务设施

（1）卫生站

调研显示（图4-8），76%的村庄有卫生站，7%的村庄尚没有卫生站。卫生站保证了农村各项医疗保障工作，是开展新型农村医疗合作、医疗服务的基础。

（2）幼儿园

调研显示（图4-9），58%的村庄有幼儿园，16%的村庄尚没有幼儿园。数据背后折射出的是农村幼儿教师队伍中普遍存在的人数短缺、待遇差、保教水平低等问题，这已成为制约当前我国农村学前教育发展的突出"瓶颈"。

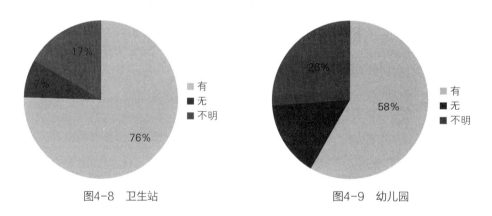

图4-8 卫生站   图4-9 幼儿园

（3）社区服务中心

农村社区服务中心建设可推进城乡基本公共服务均等化、整合农村社区建设资源要素、健全村民自治制度、促进农村社区融和。调研显示（图4-10），62%的村庄建立了社区服务中心，仍有15%的村庄没有建立。

（4）小商店

农村小商店的增多，对搞活农村经济，方便广大农民生活有诸多好处。调研显示（图

4-11），87%的村庄有小商店，仅2%的村庄没有。

　　但是，当前农村小商店在经营方式和水平上，尚存在种种问题，急需进一步完善和提高。主要问题包括：①无证违法经营多。②假冒伪劣商品多。③卫生储存条件差。④价格方面问题多。

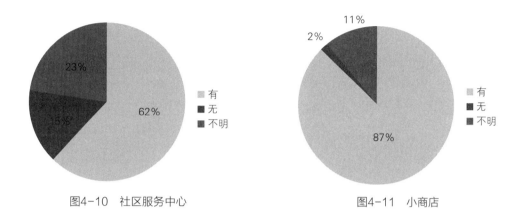

图4-10　社区服务中心　　　　　　　　　　　图4-11　小商店

3．公用基础设施

（1）自来水普及率

　　调研显示（图4-12），24.2%的村庄自来水普及率达到100%，15.8%的村庄自来水普及率为71%～99%。值得关注的是部分农村人口仍在使用传统方法饮用浅层地下水。由于农业面源污染和畜禽养殖粪便堆积，以及旱厕等排污设施产生的污染物随降水渗透地下，对浅层地下水造成污染，一半以上的农村饮用水源地没有得到有效保护，因此要努力提高自来水普及率，这不仅是改变农村环境面貌的大事，也是关乎农村群众健康的大事。

（2）道路硬化率

　　调研显示（图4-13），30%的村庄道路硬化率达到30.1%，21.4%的村庄道路硬化率达到80%～99%。数据表明了农村道路交通环境较以往得到了很大改善，农村群众出行更方便。

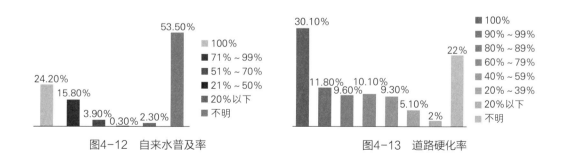

图4-12　自来水普及率　　　　　　　　　　　图4-13　道路硬化率

（3）互联网普及率

　　调研显示（图4-14），仅有4%的村庄互联网普及率达到100%，33%的村庄互联网普及率达20%～39%。数据表明目前城乡互联网普及率仍存在较大差距。由于经济发展水平、农村农民受教育程度以及互联网技术培训在农村欠缺等原因，互联网对中国大多数农村地区的影响力有限。

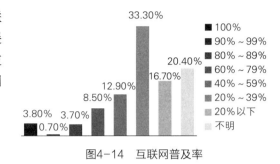

图4-14　互联网普及率

第二节

社会发展

1. 医疗保障

（1）新农合参保率

调研数据显示（图4-15）：28%的村庄参保率达到100%，46%的村庄参保率达到90%～99%。

（2）社会养老保险覆盖率

调研数据显示（图4-16）：15%的村庄覆盖率达到100%，20%～39%的村庄达到20%，90%～99%的村庄达到13%，这说明农村养老保险覆盖率还有待提高。除了加强宣传，完善制度，还要注重提高农民收入水平增强缴费能力，确立以家庭作为参保单位，提高覆盖率。

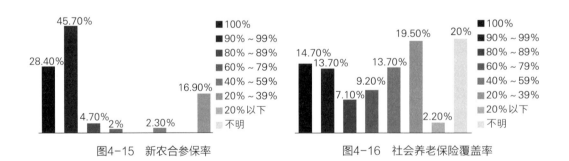

图4-15　新农合参保率　　　　　图4-16　社会养老保险覆盖率

（3）疫苗接种率

调研显示（图4-17）：38%的村庄疫苗接种率为100%，90%～99%的村庄接种率为34%。调研中发现农村留守儿童在完成基础免疫后往往忽视加强免疫接种，政府应及时采取有效的干预措施，保护广大儿童身体健康。

（4）平均预期寿命

人口平均预期寿命的高低不仅反映了一个社会的经济发展水平及医疗卫生服务的水平，同时也对老年人力资源的利用和老年人口的社会保障提出了更高的要求。调研显示（图4-18）：预期寿命75～79岁最多，占38%，其次为70～74岁，占20%，80～84岁占14%。

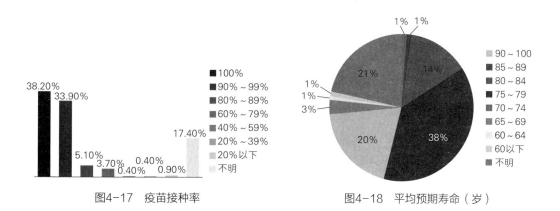

图4-17　疫苗接种率

图4-18　平均预期寿命（岁）

2. 教育科技

（1）义务教育升学率

义务教育的建立和普及彻底改变了农村教育落后的状况，也推动了农村经济的发展。调研结果显示（图4-19）：29%的村庄义务教育升学率达100%，90%～99%的村庄升学率达到52%。但是也应该看到农村义务教育面临的严峻挑战，主要表现在农村儿童上学困难，辍学，投入不足和农村教育质量差等方面。从长远看，应从三个方面促进农村义务教育发展，一是完善财政税收体制改革和加强法制建设，保障国家对农村义务教育的投入；二是深化教育改革，提高农村义务教育质量；三是发展农村经济，提高农村家庭教育支付能力。

（2）村民平均受教育年限

调研显示（图4-20）：40%村庄的村民完成9年义务教育，有7%村庄的村民完成12年教育，7%村庄的村民完成10年教育。

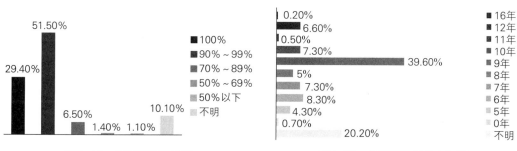

图4-19　义务教育升学率

图4-20　村民平均受教育年限

（3）万人专业技术人员数

调研显示（图4-21）：15%的村庄万人专业技术人员数达200～400人，万人专业技术人员超过400人的村庄仅占总数的16%。数据说明农村专业技术人才队伍建设存在一些突出问题：人才总量不足，队伍结构不优，作用发挥不够，人才流失严重。主要是因为人才观念陈旧，配套改革滞后，教育培训乏力。应从思想认识、资金投入、教育培训、项目建设、激励保障等方面予以改进。

图4-21　万人专业技术人员数

第三节

生态资源

1. 生态保护

（1）自然植被覆盖率

调研显示（图4-22）：33%的村庄自然植被覆盖率在70%以上，19%的村庄自然植被覆盖率为50%～70%。数据说明被调研村庄农业区天然植被带保持较好。

（2）水土流失情况

调研显示（图4-23）：36%的村庄表示无水土流失情况，48%的村庄表示有轻微水土流失情况，2%的村庄表示水土流失情况比较严重。

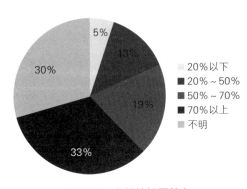

图4-22　自然植被覆盖率

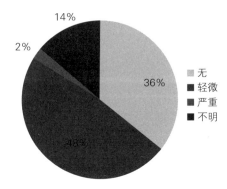

图4-23　水土流失情况

我国是世界上水土流失最严重的国家之一。但成因复杂，区域差异明显。政府应针对不同的情况采取水土保持措施，水土流失严重的区域应重点治理，加强监管，减少人为水土流失的情况发生。

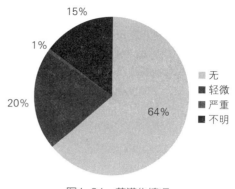

图4-24　荒漠化情况

（3）荒漠化情况

调研显示（图4-24）：64%的村庄无荒漠化情况，20%的村庄有轻微荒漠化，仅1%的村庄表示荒漠化严重。

有荒漠化情况发生的村庄多处于西北、华北地区。干旱土地的过度放牧、粗放经营、盲目垦荒、水资源的不合理利用、过度砍伐森林、不合理开矿等是加速荒漠化扩展的主要表现。乱挖中药材、毁林等更是直接造成土地荒漠化的人为活动。另外，不合理灌溉方式也造成了耕地次生盐渍化。因此治理荒漠化除了采取政策措施与技术措施外，还要加强农业治理措施，如发展水利、扩大灌溉面积、增施肥料、改良土壤，增强防风蚀旱农作业措施，如带状耕作、伏耕压青、种高秆作物等。

2. 资源利用

（1）人均水资源占有量

2012年中国人均水资源量只有2100立方米，仅为世界人均水平的28%。全国年平均缺水量500多亿立方米，三分之二的城市缺水，农村有近3亿人口饮水不安全。

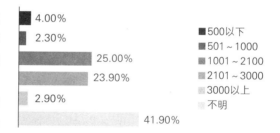

图4-25　人均水资源占有量（m³）

调研表明（图4-25）：25%的村庄人均水资源占有量为1001~2100立方米，27%的村庄人均水资源占有量超过2100立方米。值得注意的是随着工业化、城镇化深入发展，水资源需求将在较长一段时期内持续增长，水资源供需矛盾将更加尖锐，我国水资源面临的形势将更为严峻。

（2）清洁能源使用比例

农村清洁能源的利用也是低碳环保建设的一个重要方面，它的开发和利用将会

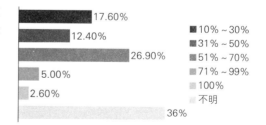

图4-26　清洁能源使用比例

给农村生活带来更多的便利，也会为生态环境的保护添砖加瓦。调研显示（图4-26）：3%的村庄清洁能源使用比例达到100%，27%的村庄清洁能源使用比例为50%~70%，18%的村庄清洁能源使用比例为10%~30%。

调研中也发现：①由于经济条件有限，不是每一户农民家庭都能使用太阳能、沼气、

天然气等相对昂贵的清洁能源。大多数居民都是使用电磁炉、电热水器等。②政府对加强宣传环保意识的环节相对薄弱，农民对清洁能源认识不强，导致环境的污染和生态破坏等。③由于修建沼气池对部分农村家庭来说耗时耗力耗资，大部分家庭没有沼气池，造成大量的沼气资源浪费。④大量使用天然气、清洁煤等产生的甲烷气体，对人身体健康有害，而且存在不安全因素。

第四节
环境整治

1. 污染防治

（1）生活污水处理率

随着我国经济的快速增长，城市化进程加快，农村生活水平的不断提高以及农村畜禽养殖、水产养殖和农副产品加工等产业的发展，村镇的生活污水、废水产生量与日俱增。加强农村生活污水的处理，成为社会主义新农村建设的重要内容，也是农村人居环境改善需要解决的迫切问题。

调研中显示（图4-27）：4%的村庄生活污水处理率达到100%，16%的村庄生活污水处理率可达51%～80%，占比最高，其次为9%的村庄处理率可达81%～99%。

（2）污水排放管网化

调研显示（图4-28）：仅有23%的村庄的污水排放管网化超过60%，约有45%的村庄低于60%。部分村庄采用雨污合流制，现有排水管渠为明沟形式，污水大部分未经任何处理就经直排放河道、湖泊。因此加强农村生活污水处理和污水排放管网建设是改善农村居民生活环境，减少污水对周边水环境污染的一项重要举措。

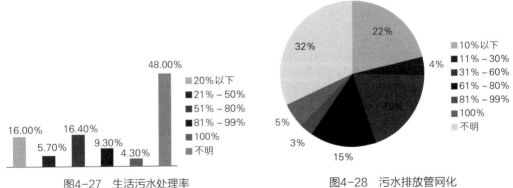

图4-27　生活污水处理率　　　　　　图4-28　污水排放管网化

（3）生活垃圾无害化处理率

生活垃圾无害化处理是全面改善城乡生产生活条件，优化城乡发展环境，提升现代化水平的一项重要举措。

调研显示（图4-29）：27%的村庄生活垃圾无害化处理率达到71%～99%，但调研中也发现，农村生活垃圾无害化处理存在垃圾处理层次低，处理方式落后，填埋地点不规范，垃圾收集、存储、运输设施不配套，专业保洁队伍不健全等问题。

（4）垃圾收集设施覆盖率

调研显示（图4-30）：24%的村庄垃圾收集设施覆盖率达到100%，21%的村庄覆盖率也可达71%～99%。这些村庄的环境有了明显改善，农户保护环境卫生的自觉性以及爱护环境卫生的意识有了一定程度的提高。但是也存在资金来源少、保洁力量薄弱、基础投入不足等普遍问题。

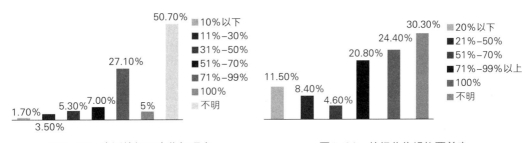

图4-29　生活垃圾无害化处理率　　　　图4-30　垃圾收集设施覆盖率

2. 景观营造

（1）景观的丰富度

调研显示（图4-31）：19%的村庄景观较丰富，43%的村庄景观丰富度一般，22%的村庄景观不丰富。

（2）景观营造的实用性

调研显示（图4-32）：19%的村庄景观营造较实用，50%的村庄景观营造一般，13%的村庄景观营造不实用。

（3）景观营造的意境美

调研显示（图4-33）：17%的村庄景观营造意境较好，49%的村庄景观营造意境一般，16%的村庄景观营造意境较差。

（4）景观营造的可达性

调研显示（图4-34）：18%的村庄景观营造可达性较强，47%的村庄景观营造可达性一般，17%的村庄景观营造可达性不强。

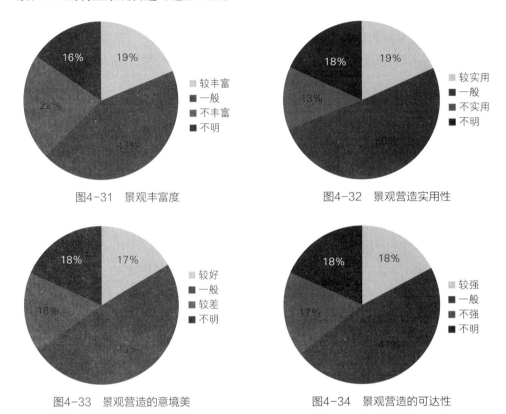

图4-31 景观丰富度   图4-32 景观营造实用性

图4-33 景观营造的意境美   图4-34 景观营造的可达性

第五节

防灾减灾

1. 公共安全

（1）万人治安案件发案率

调研显示（图4-35）：33%的村庄万人治安案件发案率均在5%以下，9%的村庄发案率为20%~25%，占比最高。其中侵财案件比例较高。在加强执法，严厉打击的同时，要提高农民思想政治教育水平，并整顿充实基层组织，夯实预防犯罪的基础环节。

（2）火灾十万人口死亡率

调研显示（图4-36）：20%的村庄火灾十万人口死亡率为0.005人以下，12%的村庄死亡率为0.01~0.07人。

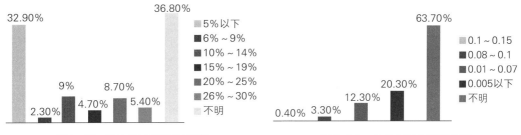

图4-35　万人治安案件发案率　　　　　　　　图4-36　火灾十万人口死亡率

2. 防灾减灾

（1）自然灾害隐患

调研显示（图4-37）：39%的村庄存在自然灾害隐患，25%的村庄无自然灾害隐患。

（2）人为灾害隐患

调研显示（图4-38）：30%的村庄存在人为灾害隐患，31%的村庄无人为灾害隐患。

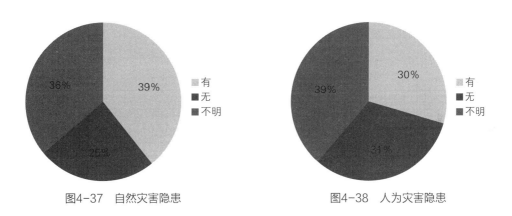

图4-37　自然灾害隐患　　　　　　　　　　图4-38　人为灾害隐患

3. 保障机制

（1）疫情应急预案

调研显示（图4-39）：61%的村庄有疫情应急预案，用以提高应急处置能力，迅速、有序、高效地组织应急反应行动，控制疫情传播蔓延，最大限度地减轻重大疫情及其可能造成的危害和损失，保证农业生产和生态安全，保障经济持续稳定发展和城市安全运行。但仍有14%的村庄无疫情应急预案。

（2）防灾减灾应急预案

防灾减灾应急预案可以作好灾害信息的收集与发布，可以提升村民避灾能力，有效组织群众救灾。

调研显示（图4-40）：64%的村庄有防灾减灾应急预案，11%的村庄无防灾减灾应急预案。

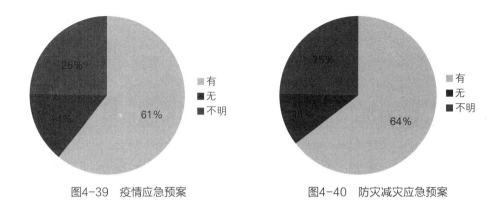

<table>
<tr><td>图4-39　疫情应急预案</td><td>图4-40　防灾减灾应急预案</td></tr>
</table>

第六节

乡村社区环境健康状况综合评估

1. 乡村社区环境建设成就

近年来在国家和相关部门的大力支持下，乡村社区环境面貌发生了巨大改变，尤其是随着"农村人居环境建设和环境综合整治"、"安居工程建设"等改善民生工程的大力实施，乡村基础设施显著改善，一批生态良好、环境宜人、村容整洁的乡村社区出现在全国各地。通过本次乡村社区环境健康状况评估，可以说明相当一部分乡村社区在社区环境建设方面，取得了令人瞩目的成果。从纵向比较来看，近年来乡村社区环境建设水平处于稳步上升的良好趋势，社区环境质量总体水平在不断提高。从横向比较来看，在乡村社区环境建设方面，东部发达地区的乡村社区环境质量，要高于中西部地区。但是西部地区一些省市，制定了乡村社区环境建设标准，并根据标准，配套建设了基础设施与社会公共服务设施，极大地提升了中西部地区乡村社区环境质量。乡村社区环境建设成就主要体现在以下几方面：

（1）人居环境建设方面

新农村建设和安居工程建设，使村容村貌焕然一新。安居工程的有效实施，改善了村民居住条件，人均住房面积达到40㎡以上的乡村占60%以上；半数以上的乡村社区，厕所卫生达到了合格标准；40%的村庄庭院达到了整洁度较好的评估标准。在基础设施建设方面，通村道路基本实现了硬化，条件较好的乡村实现了道路硬化户户通；自来水管网建设惠及千家万户，基本解决了村民的饮水问题；乡村社区基本上都设有垃圾堆放处，并实现了垃圾集中处理；网络通信设施也基本上覆盖了社区，村民可随时利用网络。

社会公共服务设施建设更是取得了长足的发展，主要乡村社区均建有社区服务中心、村活动中心、幼儿园、农家书屋、卫生室及小超市等，基本可以满足村民的各种生活需求。

新农村建设试点的乡村基本实现了村庄绿化、住房洁化、环境美化、垃圾集中处理化等目标，乡村社区人居环境有了极大的地改善，使广大村民都能享受新农村建设的成果。

（2）生态环境保护方面

近年来，随着全民生态环境保护的增强，乡村的生态环境有了明显的改善。半数以上的乡村自然植被覆盖率在50%以上，其中，有3成以上村庄自然植被覆盖率在70%以上。尽管我国是世界上水土流失最严重的国家之一，但是本次调研对象中，有近4成的村庄表示无水土流失情况，近半数的村庄表示有轻微水土流失情况，仅有2%的村庄表示水土流失情况比较严重。此外，清洁能源的利用率的逐年提高不但给乡村生活带来便利，也为生态环境的保护添砖加瓦。近3成的村庄清洁能源使用比例达到了50%以上。这些数据说明了乡村生态环境保护处于较好的状态。

（3）环境整治方面

垃圾无害化处理与污水处理是全面改善乡村生产生活环境，提升乡村社区环境质量水平的一项重要举措。数据显示，45%的村庄垃圾收集设施覆盖率达到了70%以上，近30%的村庄生活垃圾无害化处理率达到70%以上；30%的村庄生活污水处理率达到80%以上，23%的村庄污水排放管网化超过60%。垃圾无害化处理与污水处理工作做得较好的村庄社区，环境有了明显改善，农户保护环境卫生的自觉性以及爱护环境卫生的意识有了一定程度的提高。

（4）景观营造方面

乡村社区的景观营造，既要满足建设美丽乡村的需要及村民日益增长的精神文化需求，也要满足村民日常休闲生活需求。数据显示，仅两成的乡村社区景观营造意境较好，内容较丰富，且可达性、实用性较强。近半数的乡村社区景观，在营造意境、景观丰富度、实用性及可达性方面，评价一般。由此看出，在乡村社区景观建设中，要因地制宜，充分考虑景观营造的意境、丰富程度以及可供村民利用的实用程度。

（5）安全防灾方面

乡村防灾能力比城市薄弱，并且发生机制更为复杂，因此在建设宜居乡村时，更应该注意将防灾减灾植入乡村日常发展规划之中。数据显示，有近4成的村庄存在自然灾害隐患或人为灾害隐患。针对这些隐患有6成多的村庄编制了疫情应急预案和防灾减灾应急预案，除不明外，仅有14%的村庄无应急预案。这也说明了我国乡村社区对安全防灾的重视。

2. 乡村社区环境存在问题

长期以来，人们一直关注城市环境的研究与发展，而乡村社区环境状况未引起足够重视。近年来，虽然乡村社区环境有了极大的改善，但是还存在着很多问题。本次调研结果显示，除新规划的乡村社区外，很多乡村社区存在着空间无序发展、生态环境受到破坏、公共基础设施与社会公共服务设施落后、社区景观营造粗糙缺乏传统的文化底蕴、环境整治缺乏规章制度、社区管理混乱等问题。尤其是在环境整治方面，如厕所合格率、庭院清洁率等方面，虽然有了很大的改善，但是，距宜居乡村社区环境建设要求，还存在着很大差距。在垃圾处理方面，乡村社区生活垃圾无害化处理层次低，处理方式落后，填埋地点不规范，垃圾收集、存储、运输设施不配套，环境整治机制不健全等。

3. 乡村社区环境提升建议

乡村社区的环境建设是一项综合社会系统工程，任重而道远。如何真正把乡村社区环境建设工作抓到实处，抓出成效，需要政府与村民形成合力，真抓实干，才能还农村美丽面貌，提高群众生活质量和幸福指数。

（1）重视规划与保护传统村落格局

在乡村社区环境建设中，规划是龙头，是指导乡村环境建设的重要依据。尤其是在基础设施、社会公共服务设施建设方面，规划的作用是不可取代的。但是，对于传统的村落，绝不能采用统一拆建的方式，而是依据村落特点，尽量保存传统的村落布局，传统的多样性建筑形式，这样的村落才具有地域特色、民族特色，才能可持续发展。

（2）继续完善基础设施与社会公共服务设施

为更好的维持美丽乡村社区环境建设的成果，在不断完善硬件基础设施及社会公共服务设施的同时，应建立科学的有村民参与的社区环境管理机制，并采用科学管理手段，确保美丽乡村社区环境建设成果能够得到永续利用并不断发展。在规划建设基础设施与社会公共服务设施时，应充分考虑少数民族乡村社区的特殊需求，同步规划建设相应的宗教设施、体育设施、休闲设施等，以满足少数民族村民的信仰需求与生活需要。

（3）编制旅游规划，支撑乡村社区环境建设可持续发展

相对发展较好的乡村等都具有一个共同点，就是在搞好基础产业的同时，大力发展旅游产业，也正是由于旅游产业的发展，让村民享受到发展旅游的红利，从而形成良性的建设美丽乡村的内部动力机制。近年来，乡村旅游产业之所以发展得如火如荼，就是因为乡村旅游产业可以培育并形成强劲的、可持续发展的内部动力机制。因此，旅游规划的编制与实施是形成乡村内部发展动力机制的重要因素，在建设美丽乡村，促进城乡一体化的过程中，发挥了重要的推动作用。

（4）重视防灾减灾

乡村防灾减灾能力比城市薄弱，并且发生机制更为复杂，因此在建设宜居乡村社区时，更应该注意防灾减灾，在编制乡村建设规划时，应将编制防灾减灾规划，完善防灾减灾设施。

（5）乡村社区景观营造应注重与实用结合

乡村社区的景观营造，既要满足景观营造需要，也要满足人民日常生活需要，满足人民日益增长的物质文化需求。在乡村社区景观营造中，社区景观只有与村民需求相结合，才能为村民所用，才能可持续发展。

第五章
乡村社区生活
垃圾现状与
问题

第一节

生活垃圾种类与组成

1. 生活垃圾种类

生活垃圾一般指人们日常生活及为日常生活提供服务的活动中产生的固体。

废物。金明奎、张玉华等学者指出：农村生活垃圾是农村居民在生活过程产生的综合废弃物，包括厨余、家畜粪便等有机物，硬纸盒、卫生纸、布、塑料、金属、玻璃、橡胶、皮革等废品，以及灯泡、电池、农药容器等有毒有害物。

本次调查共涉及14种乡村生活垃圾：厨余垃圾、畜禽粪便、厕所粪便、秸秆树枝树叶等、田间废弃水果菜叶、玻璃、硬塑料、软塑料、易拉罐、书本报纸、硬纸板纸盒、废金属、废电池、农药瓶，基本包含了乡村常见生活垃圾种类。可分成四大类：可回收垃圾、不可回收垃圾、有机垃圾、有害垃圾，具体见表5-1。

乡村生活垃圾种类   表5-1

垃圾分类	垃圾成分
可回收垃圾	玻璃、硬塑料、易拉罐、书本报纸、硬纸板纸盒、废金属
不可回收垃圾	软塑料
有机垃圾	厨余垃圾、畜禽粪便、厕所粪便、秸秆树枝树叶等、田间废弃水果、菜叶
有害垃圾	废电池、农药瓶

2. 乡村生活垃圾产量

根据本次调查结果，不同区域间乡村生活垃圾产量情况如图5-1所示。

图5-1表明各区域乡村生活垃圾人均年产量差异较大，依次为：东北2203.41kg，华北1094.80kg，西南962.34kg，西北572.48kg，华东426.18kg华南411.64kg，华中226.99kg。该结果中东北、华北、西南三个地区的农村生活垃圾人均产量相对谢冬明等人于2008年统计的0.15~2.29kg/d（谢冬明等，2009），即54.75~835.85kg/y有明显增长。畜禽粪便

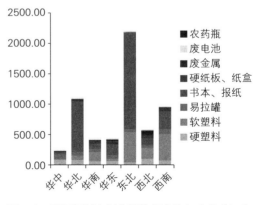

图5-1 不同区域乡村生活垃圾户均年产量（kg）

和秸秆、树枝、树叶等生物质垃圾占生活垃圾比重较大，且是区域间垃圾产量差异的主要原因。

3. 乡村生活垃圾组成

不同区域乡村生活垃圾组成　　　　　　　　　　表5-2

区域	有机垃圾（%）	可回收垃圾（%）	不可回收垃圾（%）	有害垃圾（%）
华中	87.76	11.21	0.99	0.04
华北	96.31	3.29	0.39	0.01
华南	91.76	7.26	0.95	0.04
华东	93.42	5.78	0.74	0.05
东北	99.00	0.89	0.10	0.01
西北	84.07	10.05	5.82	0.07
西南	96.49	2.96	0.51	0.05
全国	95.30	3.76	0.92	0.03

表5-2中，全国生活垃圾中有机垃圾所占比例最大，为95.30%，有害垃圾所占比例最小，仅为0.03%，可回收垃圾所占比例也不高，仅为3.76%。各区域之间生活垃圾组成类似，其中有机垃圾占生活垃圾的84%以上，最高为东北地区（99.00%），最低为西北地区（84.07%）。可回收垃圾占比例较小，最高为西北地区（10.05%），最低为东北地区（0.89%）。而有害垃圾非常少，不到0.1%，小于不可回收垃圾所占比例。说明乡村生活垃圾以可降解易腐有机垃圾为主。

第二节

乡村生活垃圾处理现状与问题

1. 乡村生活垃圾处理现状

本次调研统计了14种生活垃圾的不同处理方式。

图5-2显示了厨余垃圾处理方式以作为畜禽食物为主，最高的为东北地区（49%），最低的为华中地区（29%）；其次为扔到垃圾站，最高的为华北地区（41%），最低的为东北地区（9%）；随地扔掉也占据一定比例，最高的为东北地区（38%），最低的为西南地区（13%）；堆肥和填埋所占比例较小，除华南地区外（0），其他区域堆肥处理占1%~13%，

填埋占1%~4%。

图5-3显示：各区域畜禽粪便处理方式都以直接还田为主，占60%以上，最高的为华南地区（96%），最低的为华中地区（60%）；随地扔掉占据一定比例，最高的为华中地区（25%），最低为华东地区（2%）；送垃圾站占更小比例，除华南地区外（0），其他区域占2%~9%；除华南、西北地区外，其他区域用作产沼气占4%~8%；卖掉所占比例最小，华中、华北、西北为1%~2%，其他区域为0。

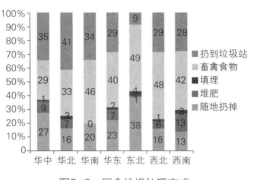

图5-2　厨余垃圾处理方式

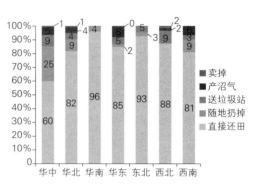

图5-3　畜禽粪便处理方式

图5-4显示了厕所粪便处理方式主要以还田和冲入化粪池为主。东北、西北地区厕所粪便处理方式相似，绝大部分还田（约90%），其余冲入化粪池（7%~9%）；华北地区还田占61%，冲入化粪池占36%；华中、华南、华东、西南地区冲入化粪池占54%~68%，还田占29%~44%；除西北地区外，其他区域将厕所粪便用于产沼气占1%~3%；此外，华中、华北、东北还将其卖给回收站，占1%。

图5-5显示：秸秆、树枝、树叶等处理方式主要以焚烧还田为主，最高的为华南地区（92%），最低的为西北地区（39%）；其次为堆肥还田，最高的为华中地区（49%），最低的为华南地区（6%）；作饲料也占据一定比例，最高的为西北地区（38%），最低的为华中地区（6%）；华中、华北、华东、西北地区将秸秆、树枝、树叶等用作产沼气（1%~5%）；此外，华北、华东、东北、西北地区将其卖掉（1%~6%）。

图5-6显示：田间废弃水果菜叶处理方式为直接还田为主，除西北地区外（以作饲料为主，占49%），占62%以上，最高为华南地区（92%），最低为华中地区（62%）；堆肥还田占据一定比例，最高为华中地区（33%），最低为华南、东北地区（6%）；作饲料占2%~17%；华北、东北、西北地区将其用作产沼气或卖掉，两者所占比例均为2%~3%。

图5-7显示：玻璃处理方式以卖给回收站为主，最高的为华北地区（80%），最低的为东北地区（31%）；其次为扔到垃圾站（12%~29%）；随地扔掉也占一定比例，最高的为东北地区（27%），最低为华北地区（5%）；另外，除华南地区外，其他地区也将其回收利用，最高的为华东地区（13%），最低为华北地区（2%）。

图5-8显示：硬塑料处理方式以卖给回收站为主，最高为西北地区（78%），最低为东北地区（34%）；其次为扔到垃圾站，最高为华南地区（45%），最低为西北地区（6%）；随地扔掉也占一定比例，最高为东北地区（21%），最低为华北地区（4%）；另外，回收利用最高地区为西南（17%），最低为华南（1%）。

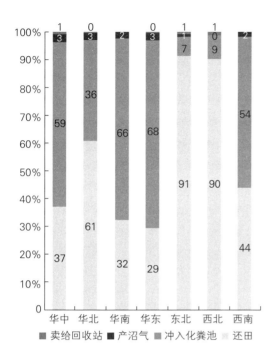

图5-4　厕所粪便处理方式

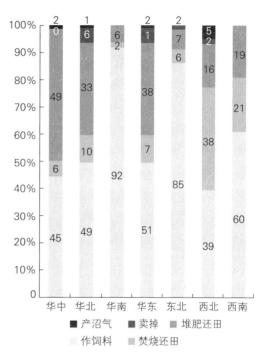

图5-5　秸秆、树枝、树叶等处理方式

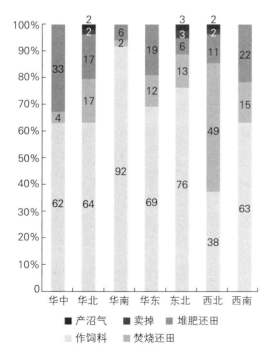

图5-6　田间废弃水果菜叶处理方式

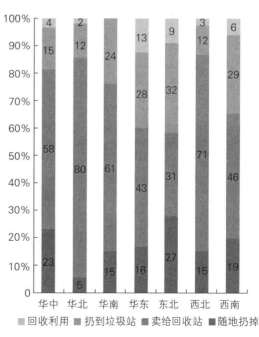

图5-7　玻璃处理方式

图5-9显示：软塑料处理方式主要以扔到垃圾站和卖给回收站为主，扔到垃圾站最高的为华南地区（60%），最低为东北地区（13%）；卖给回收站最高为西北地区（46%），最低为华南地区（7%）；随地扔掉和焚烧也占据一定比例，随地扔掉最高为华中地区（30%），最低为西北地区（8%），焚烧除华南地区为0外，最高为西南地区（34%），最低为华东地区（8%）；其他处理方式占2%~15%。

图5-10显示：易拉罐处理方式以卖给回收站为主，除华南地区外，其他地区卖给回收站占58%以上，最高为华北地区（92%），最低为西南地区（58%）；扔到垃圾站占据一定比例，最高为西南（26%），最低为东北地区（3%）；随地扔掉也占据一定比例，为3%~13%；回收利用较少见，占1%~7%；华南地区处理方式以卖给回收站和回收利用为主，均占39%，其次为随地扔掉和扔到垃圾站，分别为12%和10%。

图5-11显示：书本、报纸的处理方式以卖给回收站为主，占60%以上，最高为华北地区（91%），最低为西南地区（60%）；其次为回收利用，最高为西南地区（26%），最低为华南地区（2%）；扔到垃圾站占一定比例，最高为华南地区（23%），华中、华北、西北地区最低为1%；随地扔掉也占一定比例，最高为华中地区（14%），华北、西北地区最低为1%。

图5-12显示：硬纸板、纸盒处理方式以卖给回收站为主，占50%以上，西北、华北地区较高（91%~92%），华南地区最低（50%）；除华南地区外，回收利用方式最高为西南地区（11%），最低为华中、东北地区（2%）；除西北地区外，随地扔掉方式最高为华南（17%），最低为华北（1%）；扔到回收站也占一定比例，最高为华南（33%），最低为华中（1%）。

图5-13显示：废金属处理方式以卖给回收站为主，占68%以上，最高为西北地区（97%），最低为西南地区（68%）；其次为扔到垃圾站，最高为西南地区（19%），最低为华中、西北地区（3%）；除西北地区外，其他地区随地扔掉也占一定比例，最高为华中（17%），最低为华北（1%）；华中、华北、华东、西南地区也将废金属回收利用，占1%~10%。

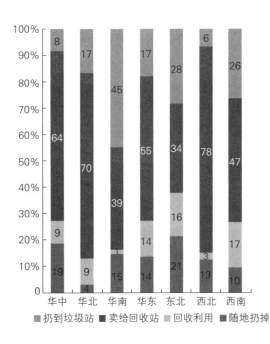

图5-8　硬塑料处理方式

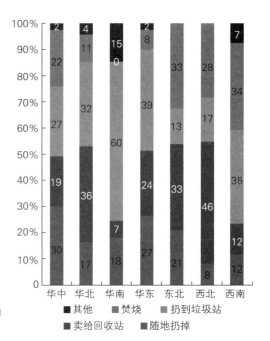

图5-9　软塑料处理方式

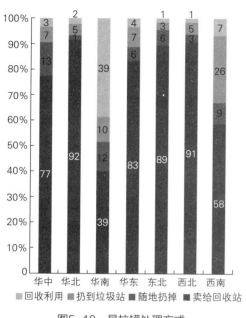

图5-10　易拉罐处理方式

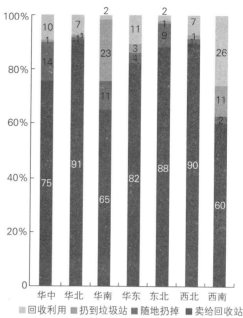

图5-11　书本、报纸处理方式

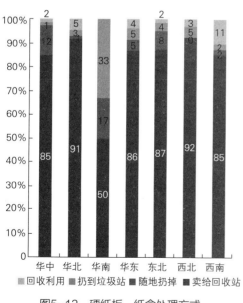

图5-12　硬纸板、纸盒处理方式

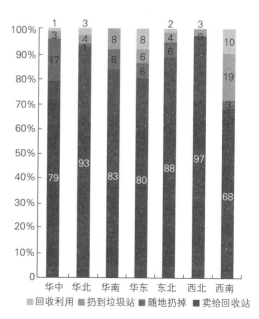

图5-13　废金属处理方式

　　图5-14显示：废电池主要处理方式为卖给回收站，最高为华南地区（81%），最低为华中地区（41%）；随地扔掉占一定比例，最高为华中地区（58%），最低为华南、西北地区（19%）；除华南外，其他区域将废电池回收利用，最高为西北地区（24%），最低为华中地区（2%）。

　　图5-15显示：农药瓶处理方式以卖给垃圾站和扔到垃圾站为主，扔到垃圾站最高为华南地区（50%），最低为东北地区（18%）；卖给垃圾站最高为西北地区（53%），最低为西南地区（10%）；随地扔掉也有相当一部分比例，最高为华中地区（59%），最低为西北地区（7%）；除华南外，其他区域将农药瓶进行深埋，最高为东北地区（32%），最低为华东地区（4%）；除华南外，其他区域也将农药瓶回收利用，占1%~5%。

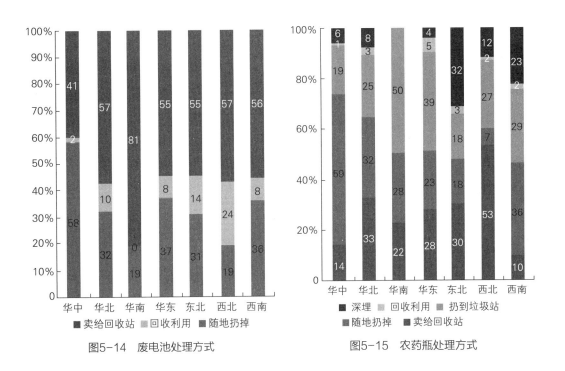

图5-14　废电池处理方式　　　　　　图5-15　农药瓶处理方式

2. 乡村生活垃圾处理存在问题

　　通过对垃圾处理方式统计分析可以看出目前乡村地区垃圾处理方式还比较落后，"户分类、村收集、镇转运、县处理"的农村生活垃圾处理模式，还未能推广到全国各地，远达不到"减量化、资源化、无害化"的要求。

　　有机垃圾处理方式较传统：厨余垃圾随地扔掉和扔到垃圾站的处理方式可达40%~60%；各区域畜禽粪便都存在随地扔掉的处理方式，部分地区畜禽粪便随地扔掉的比例达25%；厕所粪便除还田外，冲入化粪池占相当大的比例；秸秆、树枝、树叶等处理方式以焚烧还田为主，部分地区高达92%；田间废弃水果菜叶主要是直接还田。但厨余垃圾、禽畜粪便、田间废弃水果菜叶等都易腐败，随地堆放或丢弃不仅会占用土地，还会滋生蚊蝇，散发难闻气味；化粪池中粪便污泥无害化处理不足会造成二次污染；秸秆、树枝、树叶等焚烧不仅会造成区域性严重雾霾污染，还可能引起火灾。可回收垃圾处理方式基本都以卖给回收站为主，此外，各区域玻璃随地扔掉处理占5%～27%；硬塑料随地扔掉处理占4%～21%；易拉罐随地扔掉占1%～13%；书本、报纸随地扔掉占1%～14%；硬纸板、纸盒随地扔掉占1%～17%；废金属随地扔掉占1%～17%；这些都反映出垃圾随地乱扔现象较常见。不可回收垃圾和有害垃圾处理存在很大问题：软塑料焚烧占8%～34%，随地扔掉占8%～30%；废电池随地扔掉处理高达19%～58%，而农药瓶随地扔掉处理占10%～53%。焚烧塑料会散发刺鼻性有害气体，污染空气。废电池含有锰、锌、镉、铅等重金属，会造成严重的水污染和土壤污染，甚至可能造成人类重金属中毒。农药瓶随处丢弃对水源和土壤会造成二重污染，危及人畜安全。

　　总之，上述生活垃圾处理方式不仅会对环境和人类造成影响，还会造成巨大的资源浪费。而这种落后的垃圾处理方式可能受多方面的原因影响：乡村地区经济发展相对滞后，环境管理和治理的资金和政策支持远远少于城市，垃圾箱、垃圾处理站等基础设施建设不够；乡村地区整体发展过程中对环境保护的重视不够，乡村地区环卫管理制度不健全，甚至缺失；村民环保意识比较薄弱，对垃圾的危害认识不足，同时缺乏垃圾无害化处理方面的知识，较难在生活生产中将厨余、秸秆、粪便等有机垃圾进行堆肥、厌氧发酵等处理。

第三节
房干村生活垃圾分类收集和处理现状调研案例

1. 村庄简介

　　山东省莱芜市房干村坐落于鲁中山区，通过二十多年来的治山治水，植树造林，调整种植业结构、发展山区旅游业，走生态产业化的路子，经济快速发展，全村生态环境得到根本改善，变成了一个山清水秀、风光旖旎的生态旅游胜地。全村共170户人家，579口人，是典型的山区乡村。

　　房干村已初步建成用于垃圾分类处理的有机垃圾联合厌氧消化处理项目，对于乡村社区垃圾分类处理具有示范和实验作用。房干村通过治山治水，植树造林，调整种植业结构、发展山区旅游业，走生态产业化的路子，经济快速发展，现已建成生态旅游景区，而在这样的乡村社区发展模式下如何进行垃圾分类和处理十分值得我们研究。通过对该地区的调查可以为我们对垃圾分类处理在全国乡村的推广和建立总结经验。

2. 调研内容与方法

（1）居民环境意识及垃圾分类现状调查——问卷调查与走访形式相结合

　　目的是全面掌握居民对于周围环境以及生活垃圾处理的看法，了解当地垃圾分类处理的方式及流程，了解垃圾分类现状。通过与相关居民户深切交谈，为接下来的定点居民户示范试验打下基础。问卷涉及家庭基本情况、生活垃圾种类、垃圾处理方式、垃圾分类认识等相关问题。

（2）典型居民户生活垃圾特征调查

随机抽取20个典型居民户作为调查对象，每户人口数为2～7人不等。为了保证抽取居民户的代表性，在户主性别、年龄、文化程度等方面作了相关调查和考量。通过人工分拣对居民户产生的垃圾进行统计，垃圾统计类别主要包括可回收垃圾、不可回收垃圾、有机垃圾以及有害垃圾。

（3）居民户生活垃圾分类收集实验

将选取居民户随机分为两组，第一组执行先形象标识再简易标识的方案，第二组执行先简易标识再形象标识的方案，以5天为实验周期。具体试验过程：为示范居民户配置相应的垃圾桶，生活垃圾分为可回收垃圾、不可回收垃圾、有机垃圾、有害垃圾4类投放；确定不同垃圾的收集频率，由团队成员负责垃圾收集工作；由团队成员在居民户的配合下进行相关实验数据的记录。

3.　调研结果分析

（1）居民户生活垃圾特征

以问卷调查的形式详细调查了居民户的生活垃圾特征，详细询问、记录每个居民户每天产生的各类生活垃圾的数量。经过分析总结，得出了以下结论：

1）农家乐经营户家中的生活垃圾产量，特别是厨余垃圾产量日变化较显著。这主要与客流量有关，周末游客较多时产生的垃圾量是平日的3～5倍。这一部分居民占所调查户数的25%。

2）部分家庭夫妻双方外出务工，家中只有老人和小孩留守，日均垃圾量极少。这一部分居民占所调查户数的40%。

3）居民产生的垃圾以厨用的有机垃圾为主，占90%以上；其次为不可回收垃圾，占总产量的1%～6%。

4）预期中可能会有的一定比例的有害垃圾（农药、杀虫剂、除草剂）产生量几乎没有。这可能与当地基本放弃传统农业以发展生态旅游业有关。此外，我们也了解到，当地果园在使用农药、杀虫剂后会将容器直接遗弃在园中，这一部分有害垃圾的回收方式需要关注。

5）可回收垃圾产量占总产量的1%～3%，种类主要集中在饮料瓶、酒瓶。预期中可能会有一定量的报纸杂志等并没有出现。

（2）生活垃圾分类收集现状

根据调研团队15天以来的观察走访，在村中主要道路两旁均设置垃圾桶供居民倾倒垃圾，村民均自觉将垃圾倾倒其中，每天有人员定时回收清理，但并无分类处理。对于日常的大部分可回收垃圾，居民基本自行收集售予废品回收站。除此以外，居民在日常垃圾处理中并无自主的分类行为。我们对于目前居民家中主要的垃圾处理方式进行了调查（表5-3），发现大多数人会积极主动的进行垃圾处理，但是还没有垃圾分类的意识，对于有些可以进行回收的资源当作垃圾处理。而大多数家庭购买垃圾桶进行垃圾的收集和处理，部分使用包装袋、瓶或包装盒（废物利用）等进行收集处理（表5-4）。

居民处理垃圾的主要方式 表5-3

处理垃圾的主要方式	所占比例
直接倒在路边或其他空地	0
直接倾倒后填埋	0
倒在垃圾箱内，有人统一收运	89.5%
部分回收卖出，部分扔掉	10.5%

居民户家中主要的生活垃圾收集容器 表5-4

主要垃圾收集容器	所占比例
购买的垃圾桶	65%
用其他包装袋、瓶或包装盒（废物利用）	35%
自制专用品	0
没有容器	0

（3）居民对于生活垃圾分类收集的态度

通过调查分析，在居民对于生活垃圾的分类收集处理的认识及态度上，可得出以下初步结论：

1）大部分居民对垃圾分类的认识比较狭隘，对垃圾分类有大量先入为主的错误认识，缺乏基本的相关常识。出现最多的错误是将大骨头、桃胡等作为有机垃圾，多次纠正后仍未改善。

2）绝大多数居民对于垃圾分类处理等工作均持欢迎和赞成的态度，愿意进行分类，且认为垃圾分类能够极大地减少环境污染，最大限度实现资源的回收利用，利于改善周围整体环境；但居民们的重视程度却不够，不能认真地进行分类，听取我们的讲解宣传时也不够仔细，多次讲解后依然不能很好执行。

3）被调查人群文化程度大部分为中学水平，对于垃圾分类处理有一定的认识；但由于该人群大部分白天均外出务农，家中只留有老人小孩在家，无法理解我们的宣传和意图，怎样用简明易懂的方式让这些老人也可以进行日常的分类是后续工作需要解决的。

（4）生活垃圾分类收集初步效果

本次实验中，第一组执行先形象标识再简易标识的方案，第二组执行先简易标识再形象标识的方案。统计这两种不同情况下生活垃圾总产量均值，发现每种情况后一种标识均相较于前一种标识垃圾产量有所降低，分析原因可能是随着分类实验的逐步进行，团队成员深入宣传了生活垃圾分类知识，对居民实际垃圾分类产生了积极影响，普遍达到了初步的减量化效果。而减少的比例有所不同，第一组减少了19%，第二组减少了16%，总体来看差别不是很大，执行先形象标识再简易标识的方案对于生活垃圾减量化的效果更加明显一点，原因可能是形象标识对于居民认识生活垃圾分类、养成分类习惯更有帮助。

（5）不同分类标识对分类收集效果的影响

根据两种分类标识进行的实验以及调换后的实验数据，辅以问卷调查的图表（图表为有效20份问卷中被调查者对于两种分类标识的偏爱度），我们认为：

1）复杂标识相比简易标识能使居民更好地对垃圾进行分类，分类更加准确有效。其主要是因为复杂标识由实物图片和文字表示，相比简易标识的简笔画，更加形象直观，便于农村地区受教育程度较低的人群识别。同时通过调查分析，初步了解了生活垃圾分类标识对于居民实际进行垃圾分类的影响，90%以上的居民户认为生活垃圾分类标识有一定的积极影响（表5-5）。

2）但对于大多数留守老人在家的家庭，上述规律并不明显。通过调查发现原因是老人们普遍通过辨识垃圾桶的颜色进行分类，不关注垃圾桶上具体是何种标识。这与我们之前预期老人们更需要直观的图片是相反的。

垃圾分类标识的作用　　　　　　　　　　　　　　表5-5

您认为垃圾分类标识对您平常的垃圾分类有何帮助？	所占比例
能够了解到更多的垃圾分类知识	50%
使垃圾分类更加直观简单	33%
不容易造成垃圾分类错误	11%
没有什么帮助	6%

第四节

结语

1. 乡村社区生活垃圾管理成果

近年来，我国乡村社区生活垃圾管理尽管面临很多困难，但还是取得了较大的进步，积累了一些经验和成果。主要表现在：

（1）大部分乡村社区建立了村收集系统，配备了垃圾收集设施和人员，部分条件较好的乡村建立了"村收集、镇转运、县处理"的系统，保障了乡村社区环境卫生和村容整洁。

（2）大部分乡村社区仍保留着有机生活垃圾堆肥或还田的优良传统，市场自发的垃圾回收企业和生物质能源技术等共同为乡村社区生活垃圾减量化奠定了基础。

（3）调研案例表明，随着信息化时代的到来，乡村居民对生活垃圾问题的严重性有了一定认识，对垃圾分类收集持欢迎态度，并对垃圾收集费用有一定支付意愿。

2. 乡村社区生活垃圾管理存在的主要问题

调研也发现，乡村社区生活垃圾管理存在很多问题待解，突出表现在：

（1）由于乡村社区布局分散，环境基础设施薄弱，存在生活垃圾收集难、转运难、处理难、保持难等问题，垃圾乱丢乱堆、无序排放问题仍然普遍存在。

（2）缺乏行之有效的、现代化、规模化的就地资源化技术，垃圾量增加给地方政府带来巨大的转运和处理压力，随意填埋焚烧造成二次污染。

（3）资金缺口大，设施和能力薄弱，没有长效运行机制，是造成垃圾收集转运和无害化处理保持难的主要原因。

（4）乡村社区生活垃圾中有机垃圾比重大，混合收集后易腐败形成二次污染。

（5）生活垃圾清运不及时进一步污染空气、水源、土壤，成为首要污染源。

3. 村社区生活垃圾分类收集与资源化建议

鉴于乡村社区生活垃圾管理现状和问题，建议从以下方面推进生活垃圾治理：

（1）立足减量化、资源化、再循环、再利用，对乡村社区生活垃圾治理进行科学规划，推进分类收集、分离转运、就地就近资源化处理和循环利用。

（2）加快研发因地制宜的乡村社区生活垃圾分类收集、转运、资源化处理和再循环的设施、设备和技术，加强村镇生活垃圾治理能力建设。

（3）建立专项统筹资金，建立稳定的专业保洁员队伍和完善的监管制度，形成长效资金和人员保障。

（4）引入市场机制，加快技术和产业创新，激活乡村社区生活垃圾资源化产业链，与地方产业耦合，变废为宝。

第六章
乡村生态
资产

第一节

土地资源

1. 耕地资源

由图6-1可以看出：水田（水浇地）面积按照大小排序，依次为华东、华南、华中、西南、西北、华北、东北，华东水田（水浇地）面积最大，东北水田（水浇地）面积最小。旱耕地面积按照大小排序，依次为华东、东北、西北、西南、华南、华中、华北，华东旱耕地面积最大，东北旱耕地面积与华东较接近，华北旱耕地面积最小。

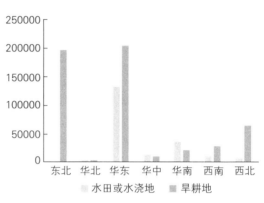

图6-1　各地区水田（水浇地）和旱耕地的分布情况

2. 其他用地

华南地区矿山面积最大，其他地区几乎没有矿山；华东地区林地面积最大，华中地区林地面积最小；华东地区水面面积最大，其他地区水面面积相对较小；西北地区荒地面积最大，东北地区荒地面积最小。

第二节

水资源

1. 水域面积

由图6-2可以看出：华东水库总面积最大，其他地区水库总面积远远小于华东地区；华东地区河流总面积与西北地区较接近，其次是西南地区，其他地区分布较少；华南地区坑塘总面积最大，其次是西北地区，其他地区分布较少。

2. 水域类型组成

由图6-3可以看出：东北地区坑塘总面积占当地水资源的比例最大，其次是水库总面

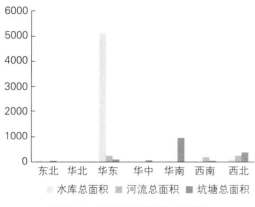

图6-2 各地区水资源分布情况

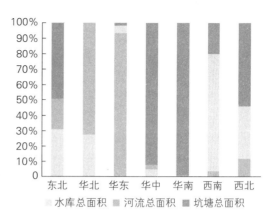

图6-3 各地区各项水资源面积所占当地水资源比例分布情况

积，河流总面积所占比例最小；华北地区河流总面积所占比例最大，其次是水库总面积，坑塘总面积所占比例几乎为0；华东地区水库总面积所占比例最大，其次为河流总面积，坑塘总面积所占比例最小；华中地区坑塘总面积所占比例最大，其次是水库总面积，河流总面积所占比例最小；华南地区坑塘总面积所占比例达99%，其他类型水资源面积所占比例约为1%；西南地区河流总面积所占比例最大，其次为坑塘总面积，水库总面积所占比例最小；西北地区坑塘总面积所占的比例最大，其次为河流总面积，水库总面积所占比例最小。

第三节

生物资源

1. 植被资源

由图6-4可以看出：华东地区天然生态林面积最大，其次是西南地区，其他地区分布较少；西北地区人工防护林面积最大，其次是华东地区，其他地区分布较少；华东、华南、西北地区果园面积较接近，其他地区分布较少；华南地区用材林面积最大，其次是华东地区，其他地区分布较少；西北地区荒草地的面积较大，其他地区分布较少；所有地区的疏林灌丛与水生植被面积分布都较少。

由图6-5可以看出：东北地区人工防护林所占比例最大，其次是用材林；华北地区疏林灌丛所占比例最大，其次是果园；华东地区疏林灌丛所占比例最大，人工防护林、果园及用材林所占比例较接近；华中地区疏林灌丛所占比例最大，其次为人工防护林；华南地区用材林所占比例最大，其次是果园；西南地区疏林灌丛所占比例最大，其次为用材林，水生植被与果园所占比例较接近；西北地区人工防护林所占比例最大。

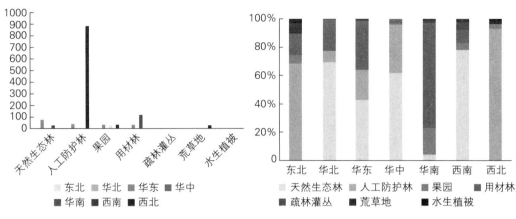

图6-4 各地区植被资源分布情况

图6-5 各地区各项植被资源所占总植被资源比例分布情况

各地区植被覆盖率 表6-1

地区植被覆盖率（%）	
东北	0.15
华北	0.65
华东	11.71
华中	0.54
华南	10.62
西南	2.34
西北	63.4

表6-1显示了各地区的植被覆盖率，西北地区植被覆盖率最高，达63.4%；华东、华南地区植被覆盖率接近，分别为11.71%、10.62%；其次为西南地区，为2.34%；华北、华中地区植被覆盖率相近，分别为0.65%、0.54%；东北地区最低，仅为0.15%。

2. 生物多样性资源

本次调查结果显示：整个调查区域生物资源见表6-2，调查发现乡村生物多样性较丰富，包含多种动植物地方品种、种质和野生资源物种。特色林副产品可能不仅仅只有花椒、生姜，保护动物也不可能仅仅只有野鸡。但是仍然从侧面反映出了乡村地区生物多样性的丰富程度。

生物多样性资源类型 表6-2

生物资源品种	
地方畜禽	牛、家猪、小尾寒羊、鸭、长白猪、白山羊、柴鸡、紫鸡、猪、马、家鸡
地方作物	小米、花生、玉米、谷子
特色林副产品	花椒、姜
古树名木	银杏、红豆杉
名贵药材	杜仲、西洋参、太子参
保护动物	野鸡

第四节

旅游资源

由表6-3可以看出：整个调查区域，旅游类型多样化，主要涉及山岳、海岸、农业旅游区、河湖、特色村寨、文化旅游区、生态旅游区。其中海岸这一类型主要包括海水浴场，特色村寨主要包括农家乐，农业旅游区主要包括农业观光旅游，文化旅游区主要包括历史人文古迹，生态旅游区主要包括自然景观。其中华东地区旅游类型多样化程度明显高于其他地区，可能与问卷所涉及的范围有关，即主要集中于东部沿海地区。其中西北地区无旅游类型，说明所调研的村庄可能没有发展旅游业。旅游业的发展与经济发展水平有关，没有旅游景区不意味着没有旅游资源，乡村生态环境资源的保护与优化是未来旅游发展和美丽乡村建设的重要基础。

各地区主要旅游资源类型 表6-3

地区旅游类型	
东北	森林
华北	河湖、生态旅游区
华东	山岳、海岸、农业、河湖、特色村寨、文化旅游区、生态旅游区
华中	山岳、河湖、农业旅游区
华南	文化旅游区
西南	河湖、特色村寨
西北	—

第五节

结语

1. 乡村社区生态资产保护的成果

调研结果显示，我国在乡村主要生态资产耕地、水源、植被、生物资源、景观资源的保护与持续利用方面的初步成果，为乡村生态资产保护与提升奠定了基础。这些成果突出表现在以下几个方面：

（1）耕地、水源、植被资源得到了不同程度的保护，大部分乡村保留了适当面积的耕地、水源地和林草植被。

（2）部分乡村保持了丰富的乡土生物多样性，保留了一些当地特色品种或有经济、生态、药用价值的野生生物资源，包括畜禽、野生动植物、林副产品等。

（3）乡村旅游区类型丰富多样，包括山岳、海岸、农业旅游区、河湖、特色村寨、文化旅游区、生态旅游区等多个类型。

2. 乡村社区生态资产保护存在的问题

调研发现在乡村社区生态资产保护方面还存在很多问题亟待解决，主要体现在：

（1）耕地、水域、植被资源分布不均，各区域差异明显。部分地区乡村人均水田或水浇地不足1亩，人均耕地总量不足2亩。经济发达地区乡村人均耕地、水域、植被数量少，保护压力大。

（2）绝大部分乡村社区居民和管理者对生物多样性资源缺乏基本认识。对生物多样性的价值认识不足，是造成生物多样性资源流失的主要原因之一。

（3）耕地、水、植被、生物多样性等自然资源的价值在乡村社区经济核算和土地流转中得不到充分体现，也是造成自然资源损失的重要原因。

3. 乡村社区生态资产保护与提升的建议

针对乡村社区生态资产保护和利用中取得的成果和存在的问题，建议从以下几个方面进行乡村生态资产的科学管理、持续利用和价值提升。

（1）尽快开展乡村生态资产的分类、编目和登记工作，为乡村社区生态资产保护提供准确可靠的基础信息。

（2）加快乡村社区生态资产价值评估和优化提升技术研发，支持乡村社区自然资源的资产化管理，将生态资产核算纳入乡村主流经济核算体系中，推动绿色GDP在乡村发展评价和决策中的应用。

（3）整合资源，开展对乡村社区居民和管理者的教育培训，提升社区居民对生态资产的认识水平和保护能力。

第七章
乡村社区
景观现状

第一节

概述

1. 背景

（1）社会主义新农村建设的需要

党的十六届五中全会提出建设社会主义新农村，这是党中央审时度势，在新形势下解决"三农"问题的根本指针。2008年10月9日，十七届三中全会通过的《中共中央关于推进农村改革发展若干重大问题的决定》明确地做出了加强农村社区建设，保持农村社会和谐稳定的指示。2009年12月31日，中共中央和国务院发布的《关于加大统筹城乡发展力度，进一步夯实农业农村发展基础的若干意见》2010年中央一号文件中，提出加强村镇规划，引导农民建设富有地方特点、民族特色、传统风貌的安全节能环保型住房。实行"以奖促治"政策，稳步推进农村环境综合整治，开展农村排水、河道疏浚等试点，搞好垃圾、污水处理，改善农村人居环境。随着我国城市社区建设的开展和成就的取得，社区建设近几年也开始向村镇地区延伸。而与乡村社区环境关系密切的各类景观，也必定得到大力的发展。这几年，在乡村社区景观营造方面出现了一些问题，因此，社区景观营造对社会主义新农村建设以及和谐的发展都是至关重要的。

（2）乡村社区环境和谐发展的需要

乡村社区是村镇社会的细胞，如果所有乡村社区都成为管理有序、服务完善、文明祥和的生活共同体，那么村镇整体乃至全社会必定是一个和谐、团结、稳定的社会。宜居乡村社区建设已经成为社会主义新农村建设的基础，所以，对于乡村社区环境的建设应该把景观、卫生、人文等方面的建设结合起来。尤其在乡村社区景观营造方面，需要进行规划引导、合理布局、完善功能、营造特色，对现阶段的乡村社区景观的营造有全面的认识，进一步对乡村社区景观营造问题进行系统全面的分析，通过对社区景观营造技术的开发，提高乡村社区环境质量，使乡村社区环境能够和谐、稳定的发展。

（3）居民生活环境改善的需要

通过几十年的改革开放，我国广大农村已经从温饱阶段开始向小康阶段迈进。解决农民民生始终是建设社会主义新农村的重点内容。伴随着我国经济的发展，乡村的经济水平逐步提高，乡村居民对于所生活的环境又有了新的要求。乡村社区环境的建设与居民的日常生活息息相关，而乡村社区的景观建设更能促进乡村社区环境质量的提升。乡村社区景观不仅为居民提供日常休闲、游憩的场所，还能带来赏心悦目的美丽景色。突出人本关爱、传承居住文化、服务管理健全的现代村镇人居环境，以满足广大村镇居民不断增长的精神需求和物质需求。因此，乡村社区景观营造对于居民生活环境的改善有着举足轻重的作用。

2．调研目的

乡村社区景观大致分为自然景观和人工景观两大类，前者是天然资源，形成较早；后者是人们后天对自然进行改造形成的。它们都对乡村社区环境的影响较大。因此，我们选取乡村社区内的景观作为调研对象，希望通过调研实现以下目的：

（1）基于调查法的综合运用获取大量的相关资料，系统剖析乡村社区环境的基本状况；

（2）通过调研，整理社区内不同类型景观的特点，掌握并研究不同类型景观所存在的问题以及它们对乡村社区环境的影响；

（3）通过对社区景观有效的营造，来提高乡村社区环境的宜居舒适性，从专业角度进行思考，并提出相应的建议。

3．调研内容

从构成形态角度出发，乡村景观可以看作是聚落景观、经济景观、文化景观和自然景观共同作用而形成的景观环境综合体。乡村社区景观是这个综合体中不可分割的一部分，我们所调研的乡村社区景观同样包含着文化景观和自然景观，也体现着乡村聚落发展的演变历程，同时也具有一定的经济作用。在本次的调研中，根据乡村社区景观构成要素的不同，将其分为四大部分，分别为：街坊、庭院景观，街巷、道路景观，广场、绿地景观，河流、水系景观。

4．调研样本分析

本次调查包含问卷调查和具体案例调查两大部分。

（1）问卷调查

本次调查针对乡村社区村委会和居民一共发放了150张问卷，回收后剔除没有填写或填写不全的问卷，共获得有效问卷131份，有效问卷占87.3%。

这131个有效样本遍布我国（除新疆维吾尔自治区、西藏自治区、台湾地区等以外）各个省份（图7-1），其中以辽宁省内的样本数量最多，占总数的58.8%。辽宁省内的样本乡村遍布省内14个地级市（图7-2），其中沈阳市和大连市市域内样本数量最多。

有效样本中，各个乡村社区总人口数从少于百人到上万人不等，总户数从少于百户到上千户不等。其中一半以上的乡村集中于100～2000人（图7-3），总户数集中于100～1000户，还有个别乡村达到7万人甚至10万人，总户数2万户（图7-4）。村域面积多集中于1～10平方公里（图7-6），人均纯收入以1000～5000元为主（图7-5）。60%左右的乡村社区编制了村庄规划（图7-7）。本次调研选取的调查样本代表性较强，所调查数据和资料可信度较高。

（2）具体案例调查

本次调查选取山东省莱芜市房干村和辽宁省凤城市大梨树村两个乡村社区进行具体的

图7-1   样本在我国各省份内分布情况

图7-2   样本在辽宁省内分布情况

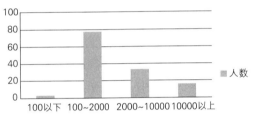

图7-3   乡村社区总人口数统计图

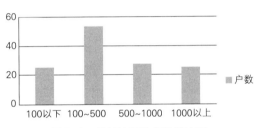

图7-4   乡村社区总户数统计图

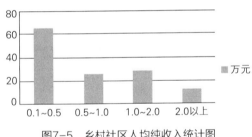

图7-5   乡村社区人均纯收入统计图

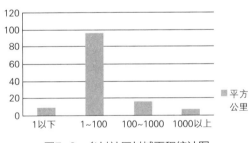

图7-6   乡村社区村域面积统计图

调查研究。

1）房干村隶属于山东省莱芜市雪野镇，位于山东省的中部，处在济南市、泰安市以及莱芜市三座城市的围合之中。房干村位于雪野镇旅游区内，旅游区位于莱芜市西北部海拔800米的深山沟里，地处"五岳之首"的泰山东麓，距离莱城西北部40.5公里、镇政府驻地西南10.5公里处。东邻黑山村，西邻官正

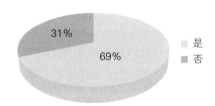

图7-7   乡村社区是否编制村庄规划

村，南依王石门村，北抵富家庄村，如图7-8、图7-9所示。

2）大梨树村位于辽宁省凤城市西南，邻近国家级风景区凤凰山，地处北纬40°22′35″～40°26′15″，东经123°56′10″～123°59′40″。东与凤山经济管理区接壤，南、西与宝山镇毗邻，北与鸡冠山镇相连。南北长6.8km，东西宽4.8km，大梨树村行政辖

区，总面积21.37平方公里，村庄建设范围为东起公园，西至毛家堡东侧的工业区，南至
桓盖公路南侧住宅，北到洪家沟山脚下，如图7-10、图7-11所示。

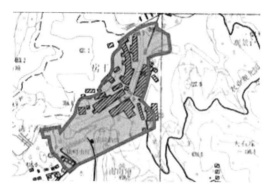

图7-8　房干村调研区位图

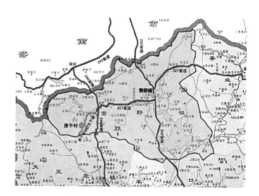

图7-9　房干村地理区位图

图7-10　大梨树村调研区位图

图7-11　大梨树村地理区位图

5. 调研方法和技术路线（图7-12）

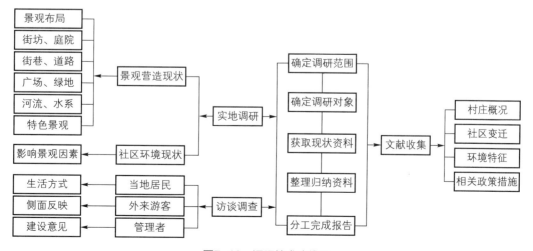

图7-12　调研技术路线图

（1）文献查阅与整理

主要通过网络学术文献和图书馆书籍查阅两种方式，对国内及国外有关乡村社区建设、乡村景观建设与发展的相关内容进行整理。

（2）实地调研

通过实地调研，对乡村社区景观进行综合全面的实地考察，经过访谈调查，对所收集的资料和信息具体分析，发现其中存在的不足，以此为基础，探寻宜居乡村社区景观营造技术的方法。

（3）调查问卷

通过调查问卷，能较全面地掌握乡村社区环境建设的现状，把握乡村社区管理者和居民对乡村社区环境建设的真实需求，为宜居乡村社区景观营造提供有力的依据。

（4）综合分析

从宜居乡村社区发展过程出发，对乡村社区景观的现状进行归纳，加深对乡村社区景观的认识，通过专业知识来分析所出现的问题。

第二节
街坊、庭院景观

庭院空间是建筑内部空间向外部的延续，由于建筑形式的不同，庭院空间的围合方式也不尽相同。受不同地形条件的限制，村庄有的居住集中，有的布局分散，住宅间距大小不同，形成了不同的住宅形式，生活、生产活动也不尽相同。

针对庭院景观的现状问题，从庭院景观的整体环境、功能设施、空间营造和内部建筑等方面提出了一系列问题进行调查了解并加以分析。

1. 庭院景观整体环境

街坊、庭院的整体景观环境是村民对庭院感受的第一印象，也是组成乡村景观的重要单元，在对其进行调查时，选取了庭院生态环境、景观布局以及村民认为急需解决的问题三方面来进行分析，从而提升庭院景观的整体环境。

在对庭院景观整体环境的调查中，一半以上的受访者对庭院的整体环境评价一般，仅约1/3的受访者认为庭院环境生态化较高，少数受访者认为庭院环境较差（图7–13）。

一半以上的受访者对庭院整体环境布局的评价一般，仅1/5左右的受访者认为庭院环境生态化较高，少数受访者认为庭院环境较差。总体来看庭院的整体环境亟待改善（图7-14）。

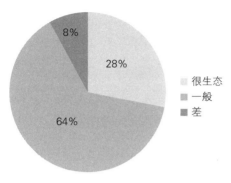

图7-13　庭院整体环境调查

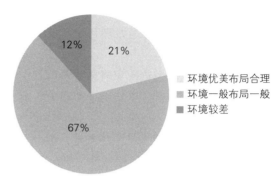

图7-14　庭院整体环境布局调查

在庭院目前急需解决问题的调查中，近一半的乡村社区的管理者表示最主要问题是环境卫生问题，其次是绿化种植和基础设施等问题（图7-15）。

2. 庭院景观功能设施

由于村民生活形式的不同，也促成了庭院的不同使用功能。庭院景观的功能设施类型多样，包括景观小品设施、生产功能设施、生活服务设施等方面。

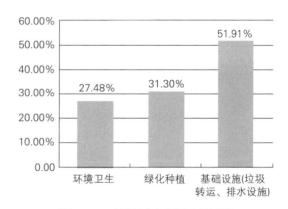

图7-15　庭院目前急需解决的问题

乡村社区庭院中数量最多的景观小品是花架，比例约占1/3，其次分别为亭子、照壁、雕塑，此外还有1/3的庭院内没有景观小品（图7-16）。

半数以上的乡村社区庭院使用自来水，1/3的庭院使用自家井水，少数通过挑水或山泉水经过饮用水工程处理来满足庭院的给水（图7-17）。

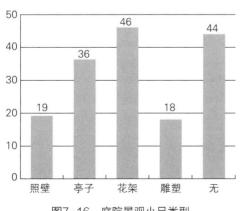

图7-16　庭院景观小品类型

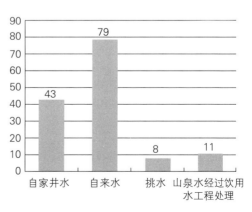

图7-17　庭院给水情况

近一半的乡村社区庭院是通过排水沟自然排放的，其次是管道收集处理排放、土质地面直接排放，使用数量最少的排放方式是化粪池处理排放（图7-18）。

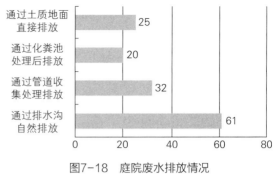

图7-18　庭院废水排放情况

绝大多数的庭院内有家禽或牲畜的养殖，对庭院整体环境的影响还是很大的（图7-19）。

只有约1/3的庭院安装了沼气池，绝大多数的庭院内没有安装沼气池（图7-20）。

绝大多数的庭院内有照明装置，只有少部分的庭院没有照明（图7-21）。

有垃圾桶的庭院和没有垃圾桶的庭院数量各占总数的一半，在以后的建设中庭院内垃圾桶的数量需有所增加（图7-22）。

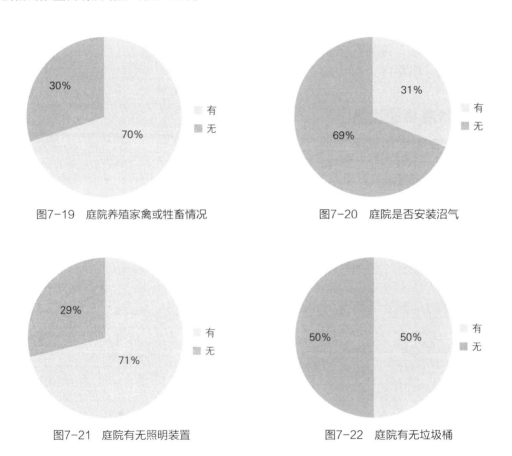

图7-19　庭院养殖家禽或牲畜情况　　　图7-20　庭院是否安装沼气

图7-21　庭院有无照明装置　　　图7-22　庭院有无垃圾桶

对于庭院现有的功能排序，一半以上的受访者认为庭院现有的功能以生产生活为主，其次的是经济功能和休闲游憩功能（图7-23）。

受访者认为庭院最先解决的基础设施是厕所的整改问题，其次分别是垃圾处理、污水排放和整改厨房的问题（图7-24）。

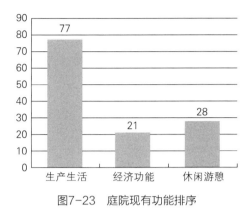

图7-23 庭院现有功能排序

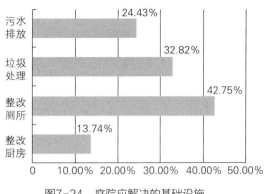

图7-24 庭院应解决的基础设施

3. 庭院景观空间营造

庭院景观空间承载着人们的居住生活，本次调研从庭院景观空间规模、空间性质和空间营造方式等方面来进行。由于庭院空间的构成要素包括硬质空间和软质空间两部分，硬质空间主要调研庭院内的地面及围栏形式等，软质空间主要调研庭院内的种植情况，具体的调研数据分析如下所示。

被调查的乡村社区中庭院面积为40~60m²和10~30m²的各约占1/3，其次是70~90m²和90m²以上的庭院。从数据来看，乡村社区庭院面积差异较大（图7-25）。

乡村社区内庭院空间绝大多数是开放的形式，半开放和封闭的空间形式各约占1/5，极少数没有庭院空间（图7-26）。

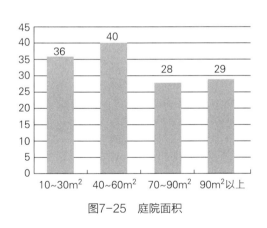

图7-25 庭院面积

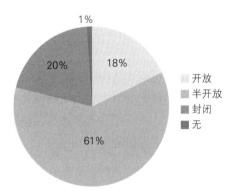

图7-26 庭院空间形式

乡村社区庭院环境的营造采用三种手法：自然式、规则式、原始功能性围合。这三种方式比例相近，只有极少数庭院没有进行环境营造（图7-27）。

近一半的乡村社区庭院采用前院式的形式，还有的庭院采用前后两院或后院式的形式（图7-28）。

近一半的乡村社区庭院采用水泥地面，其次还有一部分庭院为土质地面，少数庭院内是青砖地面或其他形式（图7-29）。

　　乡村社区庭院空间采用多种围合材料，使用最多的是单独围栏，其次是植物和围栏混合形式，也有单独使用植物进行围合的，较少数的庭院空间没有围合（图7-30）。

　　近一半的乡村社区庭院入口使用功能性围栏进行处理，1/3的庭院入口没有进行处

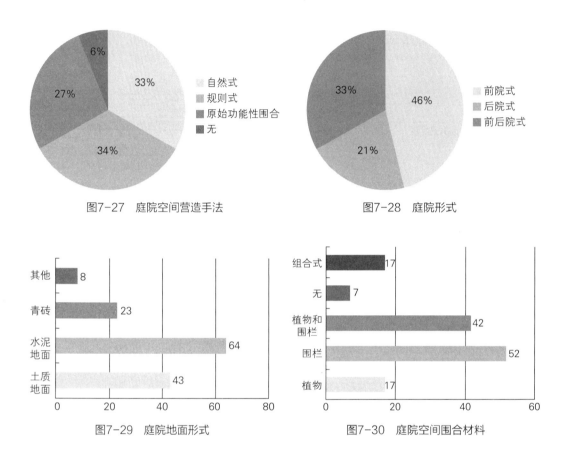

图7-27　庭院空间营造手法　　　　　　　　　图7-28　庭院形式

图7-29　庭院地面形式　　　　　　　　　　图7-30　庭院空间围合材料

理，部分庭院使用装饰性围栏或其他方式进行处理（图7-31）。

　　乡村社区的庭院内主要种植的植物有：蔬菜、乔木、花卉和藤本植物。其中，蔬菜的种植比例最大，其次是乔木和花卉，藤本植物最少。从数据中可以看出，乡村社区庭院内种植还是以农业种植为主（图7-32）。

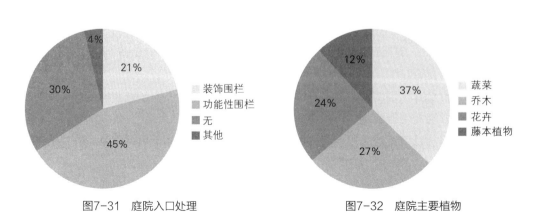

图7-31　庭院入口处理　　　　　　　　　　图7-32　庭院主要植物

4. 庭院景观内部建筑

庭院内的住宅建筑是庭院中的主体，其建筑形式对庭院整体景观起着至关重要的作用，也影响着庭院景观的整体风格。从建筑规模、建筑形式和细节设计方面对庭院景观内部建筑进行实地调研。

在主体建筑形式的调查中，绝大多数的被调查乡村社区庭院内主体建筑是一层，其中平屋顶的形式居多，少数为坡屋顶。二层以上的建筑较少（图7-33）。

乡村社区庭院内的主体建筑风格多样，现代的、传统的、综合的和普通平房比例均衡（图7-34）。

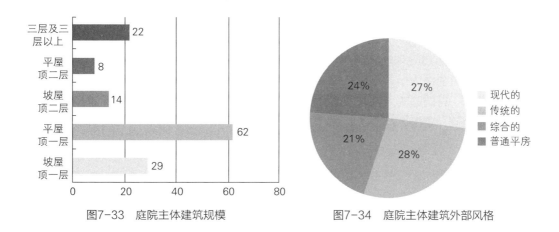

图7-33　庭院主体建筑规模　　　　　图7-34　庭院主体建筑外部风格

乡村社区庭院主体建筑内部装饰风格是多样的，现代的、传统的、综合的建筑内部装饰风格和普通农家比例均衡（图7-35）。

乡村社区庭院内的建筑入口有多种处理方式，其中入口处利用种植方式进行处理、利用建筑小品进行衔接和利用门厅等其他处理方式各约占总数的1/4，此外约有1/4的庭院建筑入口没有进行特殊处理（图7-36）。

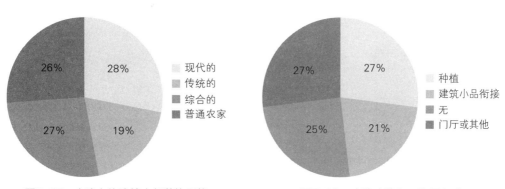

图7-35　庭院主体建筑内部装饰风格　　　　　图7-36　庭院建筑入口处理方式

5．样本村街坊、庭院景观分析

（1）房干村街坊、庭院景观

1）庭院景观功能现状

村民生活经济形式的不同促成了不同的庭院使用功能。房干村村民现在收入来源以农业为主，多种植生姜，养殖多以村庄为单位进行集中式小型的养鸡场为主。因此，庭院内功能相对于以前养殖、晾晒等生产功能而言，主要以生活功能为主。多在庭院内停放车辆，种植蔬菜，有的村户庭院内采取硬质铺装，设置活动休闲场所，不再栽种植物。

房干村一部分村民进行农家乐的体验式旅游业，设置餐饮住宿等服务功能，庭院景观多以种植花卉等营造优美环境，并设置花架进行竖向空间的美化，为游客提供休闲娱乐的区域。

2）庭院构筑物现状

院墙：院墙高1.8～2.2m，多采取砖混抹面的形式，并在围墙顶部设置砖瓦坡面，形成白色墙面红砖顶面的形式（图7-37）。

院门：房干村的庭院入口多采用坡道进户的形式，并用砖混砌筑门厅，同时用贴面围合入口立面两侧，院门多选取铁质材料（图7-38）。

图7-37　住宅院墙现状图

图7-38　庭院入口院门现状

庭院道路和铺装现状：庭院内大多没有道路，院落地面一般以硬质铺装为主，根据住户经济状况的不同铺装样式与材质呈现不同的景观特点（图7-39）。

图7-39 庭院内铺装现状图

庭院种植现状：调研发现大多数村民会在庭院种一些植物，庭院种植可以改善庭院小气候，又具备景观效果。庭院的种植多结合生产生活，基本上家家户户都会在庭院里种植蔬菜，满足日常所需。菜园一般位于庭院的东西两侧，当地村民在种植经验上是相当丰富的，主要是菜圃疏于打理，比较凌乱。在一些经济条件较好的农户中，他们多在庭院种植花卉，以观赏为主。

（2）大梨树村街坊、庭院景观

1）庭院景观功能现状

由于村民生活经济形式的不同，也促成了不同的庭院使用功能。大梨树村的经济活动主要分为两种，即务农、商户。务农为主的村舍庭院多以生产生活为主，庭院较宽敞，设有畜棚、菜园以及存放生产工具的仓库。商户的村舍庭院多位于大梨树村的中心位置，临近梨花河的旅馆及商铺，位于村子的商业中心，庭院相对较小，没有畜棚及其他生产工具，庭院主要用于居民休憩活动。其中一些以旅游接待为主的村舍，庭院是以硬质铺装为主的开敞空间，便于人们停车及游客集散（图7-40）。

图7-40 庭院现状

2）庭院构筑物现状

院墙：院墙不太高，约1～2m，主要以砖墙为主，也有一些石墙。砖墙中，根据砖块的类型不同，分为红砖墙、砖混墙及青砖墙（图7-41）。

图7-41   庭院院墙现状

院门：生产为主的村舍院门较宽，商户为主的院门较小，有的村舍没有院门，通过其他建筑围合出来的窄巷来引导。大梨树村村民在院门多采用铁门（图7-42）。

图7-42   庭院院门现状

庭院道路和铺装现状：庭院内大多没有道路，院落地面一般以硬质铺装为主，根据住户经济状况的不同铺装样式与材质呈现不同的景观特点（图7-43）。

图7-43   庭院内部道路及铺装现状

庭院种植现状：调研发现大多数村民会在庭院种一些植物，庭院种植可以改善庭院小气候，又具备景观效果。庭院的种植多结合生产生活，基本上家家户户都会在庭院里种植蔬菜，满足日常所需。菜园一般位于庭院的东西两侧，当地村民在种植经验上是相当丰富的，主要是菜圃疏于打理，比较凌乱。在一些经济条件较好的村舍中，他们多在庭院种植花卉，以观赏为主。

图7-44　庭院内部种植现状

第三节

街巷、道路景观

乡村社区道路用以联系社区内部和各社区之间，不同乡村社区道路有各自的交通特点和构成特点，因此形成了各有特色的道路景观。道路景观是乡村景观的线性空间，具有美化街景、净化空气、减弱噪声、除尘、改善乡村微气候、防风防火、保护路面、组织交通等作用。在乡村，道路景观还是街头巷尾的交流空间，是乡村居民生活交流不可或缺的一部分。

针对宜居乡村社区街巷、道路景观的现状问题，从景观的整体环境、结构与组织、功能与模式、构成要素等方面提出了一系列问题进行调查分析。

1. 道路景观整体环境

从道路的通达性、布局和分级等方面对道路景观整体环境进行调研分析。

在对乡村社区道路的通畅性感受的调查中，绝大多数的受访者表示其通畅性还是很好的，少数受访者表示道路的通畅性一般甚至不好（图7-45）。

一半以上的乡村社区道路的污染并不严重，但是还应该注意噪声和空气的污染问题，可以多设置一些绿化进行改善（图7-46）。

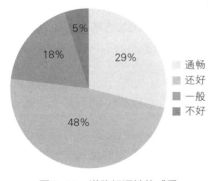

图7-45　道路畅通性的感受

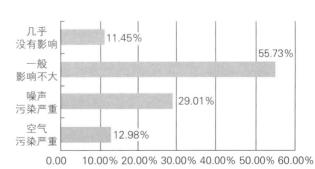

图7-46　道路污染情况

道路景观对乡村社区整体生态环境的影响不大，但部分道路破坏了原有的生态环境或者构成了新的生态环境，因此要注重道路生态环境的建设（图7-47）。

图7-47　道路对乡村整体生态环境的影响

近一半的受访者表示乡村社区道路的安全性一般甚至很差，仅少数人表示道路安全性很好，可见大部分道路的安全性还是存在一定问题，因此规划时要对安全性进行考虑（图7-48）。

大部分受访者表示乡村社区景观中的道路景观比较有特色，基本展示了全村风貌，但是近1/3的受访者表示所在村庄和别的村子景观类似，甚至还有毫无当地特色的情况（图7-49）。

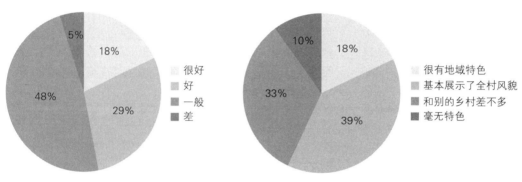

图7-48　乡村社区道路的安全性　　　图7-49　社区道路景观在乡村社区景观中的地位

2. 道路景观结构与组织

（1）路网结构

乡村社区内道路路网形式多为自由式和树枝状，各约占1/3，其次多为方格网状或者是半网络状路网，环状和放射状的路网形式较少（图7-50）。

大多数受访者认为乡村社区道路结构相对清晰，但约1/4的人认为有的道路不通。因此，在以后的建设中道路应该适当加入一些标识，增加外地人对道路的辨识性，道路结构应进行调整避免断路（图7-51）。

（2）景观组织

绝大多数的乡村社区内道路两边的建筑协调整齐，部分建筑影响道路两侧的景观效果，甚至还有杂乱无章的建筑布局。因此针对此类问题，要对道路两侧的建筑进行整治，统一规划，使其整齐有序（图7-52）。

1/3以上的乡村社区主要道路两侧建筑建造时是没有具体要求的，约1/4的乡村要求建

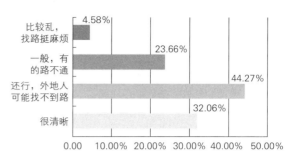

图7-50　乡村社区内的路网形式　　　　　　　　图7-51　乡村社区内道路结构的合理度

筑的立面材质是统一的，近1/5的乡村要求建筑立面颜色的统一。可以看出，多数乡村社区内缺乏主要道路两侧建筑建造的要求（图7-52）。

3. 道路景观功能与模式

乡村社区道路上通行情况比较复杂，机动车和非机动车、行人的比例各占近一半，其中机动车主要有大货车、小货车、小汽车，乡村社区道路使用者构成比较复杂（图7-53）。

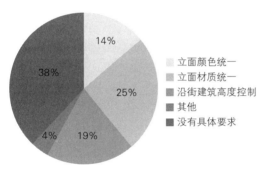

图7-52　乡村社区内主要道路两侧建筑建
造时的特殊要求

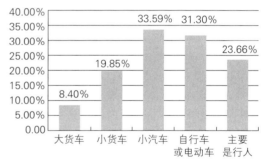

图7-53　乡村社区道路上频繁通过的
交通工具（行人）

受访者表示对乡村社区道路除了有通行的需求，还需要路边有方便居民交流的场所，并且主要道路路边应有集市，因此在设计时要考虑这几个方面的要求（图7-54）。

约一半的受访者表示乡村社区道路环境的色彩搭配比较一般，不太能引起使用者的兴趣，同时社区道路色彩搭配上需要注意颜色、广告尺寸、路面和建筑颜色之间的协调关系。因此规划时要着重考虑这些要素（图7-55）。

乡村社区道路的路面以柏油马路和水泥路居多，也有一部分铺砖路和土路。在设计时，要根据当地的地域特征选择路面（图7-56）。

超半数的受访者认为乡村社区内道路太窄、不易通行，同时也有少数道路由于路幅过宽造成用地的浪费，因此在规划时，要适当设置道路的宽度（图7-57）。

少数乡村社区内道路等级划分比较明确，近一半的乡村社区道路等级有一定的差别但不是很明确，近40%的道路等级不明确，在后期建设时应当加强路网等级的建设，合理配

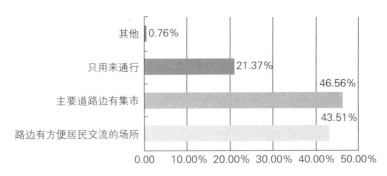

图7-54　对乡村社区道路除通行之外功能的需求

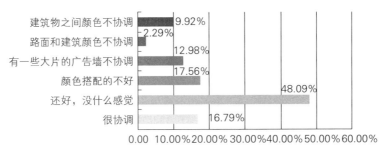

图7-55　乡村社区道路环境的色彩搭配

置等级明确的乡村社区道路（图7-58）。

近一半受访者表示乡村社区内道路的设置比较合理，1/4的受访者表示没有人行道很不方便，也有少部分人提出没有必要区分人行道和车行道。分析调研结果，乡村社区内道路是要考虑设置人行道，加强村民对道路规划的认知，充分考虑村民的意愿进行设计（图7-59）。

一半的乡村社区道路是因为经济发展而修建的，其他比例较大的形成原因分别为自然形成和历史遗留（图7-60）。

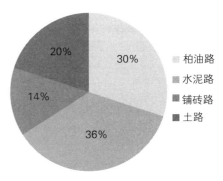

图7-56　社区道路的路面情况

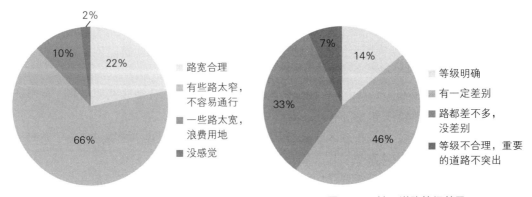

图7-57　社区道路宽度　　　　图7-58　社区道路等级差异

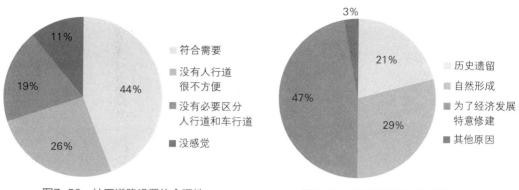

图7-59 社区道路设置的合理性　　　　　图7-60 社区道路形成的原因

4. 道路景观构成要素

（1）软质景观

　　大多数的乡村社区道路绿化种类单一，应该丰富道路两侧的绿化种植搭配的种类，避免单调，也要考虑冬季道路两侧的景观效果（图7-61）。

　　大多数受访者表示乡村道路的绿化设置丰富宜人、有一定的用处，少数表示对于绿化设置没什么感觉或者感觉没有作用。因此在今后的建设中，应丰富景观层次，多增加一些当地绿植，使其更加具有当地特色（图7-62）。

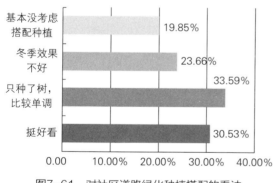

图7-61 对社区道路绿化种植搭配的看法

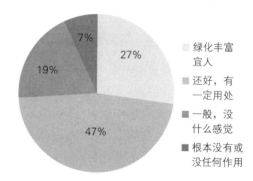

图7-62 对社区道路绿化设置的合理度

（2）硬质景观

　　大部分乡村道路上有交通标识，但是清晰度极低，约1/3的道路没有设置标识。因此在规划时要注意这方面的配置（图7-63）。

　　有一半的受访者表示对乡村社区道路的夜间照明状况比较满意，另一半的受访者则表示道路路灯少，不满足需求。在今后的建设中要注重乡村道路的夜间亮化问题，选择矮灯和路灯等多种形式，丰富乡村夜间景

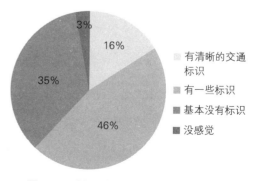

图7-63 社区道路的交通标识（如路牌、
方向牌、安全标识等）设置情况

观，增加道路亮度（图7-64）。

乡村社区道路公共设施（包括座椅、垃圾桶、健身器材等）的主要问题是数量、位置不合理，因此在增加公共设施数量的同时还要兼顾其位置的合理性（图7-65）。

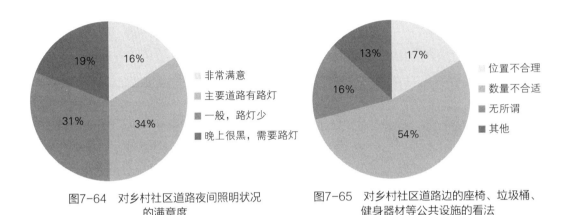

图7-64　对乡村社区道路夜间照明状况
　　　　　的满意度

图7-65　对乡村社区道路边的座椅、垃圾桶、
　　　　　健身器材等公共设施的看法

5. 样本村街巷、道路景观分析

（1）房干村街巷、道路景观

1）路网结构与景观组织

房干村内的道路由方格网加曲线构成。这样的路网结构使得景观分区明确、层次分明。方格网式道路分隔的社区中各个景观分区与所划分的功能区基本一致，各个景观分区均有区别于其他区的景观特色。方格式的道路景观整体来说比较规整，条理清楚，呈现片、块状，使社区内的整体景观呈现一定的均好性。

2）道路景观的构成模式与要素

①道路景观构成模式

A．道路

主路平直，将各个景观分区串联起来，一眼望去街巷、道路概貌尽收眼底。支路、小巷也较平直，局部是尽端式的道路，除了功能的要求和地形限制的因素外，在一定程度上增加了游客的猎奇心理，又达到了丰富景观层次的效果。

路面铺装基本为硬质铺装，根据不同道路的使用功能和等级，有不同的铺装形式，限定不同的景观空间。极少数村落景观特征存留的小巷路面是土质，但进行了一定程度的加固。

道路的断面形式随功能和等级的不同而不同。社区内所有道路均为一块板形式。南北向的两条主干道康庄路和通达路两侧绿化较少，仅有稀疏的行道树；五味子街除了行道树外，还有一些灌木配合，增加了绿化量。映山红街和天南星街临河段由于是滨河路，结合滨河绿化带有丰富的绿化。五味子街南侧有一条细细的小河流，用石板作桥连接主路与南侧建筑。其他街道也有一定量的绿化。

色彩方面以灰色为主色调，在不同路段灰色深浅不一，既有变化又协调统一。

B. 道路边界

道路边界是道路空间得以界定，区别于另一空间的视觉形态要素，也是两个空间之间的连接形态。

房干村梨花河两侧的滨河路借河道的美景，修建了大量的具有江南粉墙黛瓦特点的南方小建筑，在另一侧的河边有较宽的绿化带，景观开阔，杨柳依依，别具风情。映山红街和天南星街在通达路以东向东延伸的部分处于滨河建筑和其他商业建筑或公共建筑之间，景观也比较开阔。由于是主要的旅游接待路线，路两侧有很多店铺和小市场，公共景观和商业景观气氛浓厚。

与上述的道路边界相比，社区内部居住区内道路空间比较单一。两侧建筑排列齐整，建筑形制和层数一致，没有错落之感，道路空间更显得平直而缺少变化。由于路面、墙面皆做硬化处理，整体景观比较刻板，不具有亲切感。

C. 道路节点

滨河路边靠近河流部分有多处游园，配合几座桥的桥头空间形成形态各异的开敞空间。

其他各条道路的交叉点处理比较直接，没有特殊的节点景观设计。仅在康庄路和通达路与五味子街的相交部位顺着五味子街设有三座门，通达路两侧的丁香门和百合门相对而立，是做工较精细的两座牌楼。其余街巷的尽端与自然环境直接过渡，几乎没有对景、借景等形式的节点景观设计。

②道路景观构成要素

A. 软质景观

滨河路两侧的行道树以杨柳为主，风姿绰约，且树木生长了较长时间，已经形成了可观的景观效果。在滨河路西侧景观带上的植物错落有致，乔灌木和草本植物结合，景观丰富。其他道路的行道树以银杏树为主，栽植时间不长，树冠较小，绿化量也比较小，绿化效果一般。其余各处街巷端点有零星绿化，基本是住户自行栽植，不具有乡村景观特色，景观效果不明显。

水体景观的总体效果是宽阔有余而柔美不足，虽然房干村号称"东北小江南"，但由于地域条件限制和人为设计不足，江南风格不是很贴切。

天空景观受方格式的道路网和两侧建筑的限制，远景天空比较单调。由于道路两侧绿化率不高，天空景观基本被建筑轮廓线限定。

B. 硬质景观

除滨河路空间以外，其余道路空间均以硬质为主。硬质的建筑墙面加上硬化的路面，虽然显得比较整洁，但灵活感和人情味不足。沿街建筑基本是灰顶白墙的仿江南式建筑，但是建筑墙面处理比较粗糙，在结构划分和细部设计上接近北方建筑的粗犷，缺乏江南建筑的精细，乍看之下仅具其形。

沿街有一些广告牌等构筑物，有横式和立式的，形式比较单一且是简单的方形。

河边和桥上的栏杆为白色石质小方柱栏杆，有面状或者条形栏板。形式简单，较少雕刻或不雕刻，景观性少于实用性。

③人与文化

房干村是旅游名村，在旅游旺季游客较多，十分热闹。餐饮、服务设施区内的道路两侧公共建筑和商铺众多，游人和本地商人熙熙攘攘，路上兼有汽车、自行车和马车等多种交通工具，再加上步行者的穿行，呈现繁荣的景象。居住区内也有部分家庭旅馆和售卖土特产的商店，道路景观上十分活跃。但是在旅游淡季人员较少，显得非常冷清。除了餐饮、服务设施区有一些游客活动外，其他区域的人流稀少。

3）道路景观的空间尺度

房干村的街巷、道路空间尺度比较大。随着游客量的增加和现代交通发展速度的加快，道路景观元素的空间尺度相应增大，并且村庄规划时预留了一定的空间。

滨河路由于宽阔的河道自然形成了开敞的景观效果，宽而不阔，尺度合宜。其他各主要道路由于缺少绿化和小品装饰，也没有复杂的断面设计，所以显得空间尺度很大。虽然北方道路的景观尺度应当比较大，但是在房干村中还是有些空旷，景观效果不佳。

4）道路景观美学法则运用

①对称与平衡

房干村社区内的道路景观很少为对称式，但大多都比较均衡。比如滨河路一侧建筑高而另一侧水面广，再加上两侧的景观布置，取得了均衡的效果。再如居住区内部道路两侧的建筑虽然不完全相同，但是都是1～2层高，也能取得均衡的景观效果。

②重复与变化

社区居住区内在同一条道路一侧的建筑相似度非常高，变化不足，有些地方像是成片复制。行道树的大小和间距也十分接近，使得这种重复感加强。公共服务区的景观效果有所改善，建筑形式变化较多，沿街空间也十分丰富，道路空间景观富于变化。

③节奏与韵律

居住区内由于同一街道上的建筑相似度较高，节奏趋于一致，少有变化的景观，韵律感不强。而公共服务区的建筑高低错落，沿河建筑形式和尺度相近，绿化和小品类似，取得一定的韵律感。

④对比与统一

沿路建筑的尺度、墙面颜色、开窗形式、材质、构件和风格等方面都较相似，绿化等其他景观元素也有高度的相似性，整齐划一的效果较明显。在大的分区上，居住区与公共服务区、村民居住区和游客居住区的道路风格有明显的变化。公共服务区内道路两侧的建筑功能不同，形式也多样，而构成元素相似或者相同，统一中有变化，变化中可以协调。但居住区内就某一条街巷或道路来说，统一多于变化，显得比较单调，如果没有人活动就容易显得缺乏生机。

（2）大梨树村街巷、道路景观

该村调查情况与房干村基本一致，不再赘述。

图7-66　道路景观现状

图7-67　道路边界现状

图7-68　道路景观人与文化

第四节

广场、绿地景观

　　乡村的广场、绿地景观是"乡村客厅"，承担着多种乡村活动功能，也是历史文化、自然美和艺术美交融的空间，多以建筑、道路、山水、地形等围合而成，并由多种软质、硬质景观构成，采用步行的交通手段从而营造可以调节乡村景观整体环境、提供村民户外公共活动的场所空间。广场、绿地作为乡村社区的公共空间，受乡村社区各方面因素的影响形成不同的景观现状。

针对宜居乡村社区广场、绿地景观的现状问题，从景观的整体布局、构成要素和使用现状等方面提出了一系列问题进行调查分析。

1. 广场、绿地景观整体布局

为掌握广场、绿地景观整体布局现状，首先对居民到达乡村社区内广场景观的方式进行了解，调查结果显示到达乡村社区广场的方式多样，超过半数的受访者选择步行的方式到达乡村社区内广场景观，其次的选择分别是自行车、自驾车和其他方式（图7-69）。

从位置、类型、尺度大小的角度考察广场景观在乡村社区的地位。一半以上的受访者认为乡村社区内的广场比较有特点并能代表乡村社区的形象，近1/3的受访者认为广场景观比较一般，其他的受访者则表示广场在社区景观中的地位不高（图7-70）。

图7-69　到达乡村社区内广场景观的方式

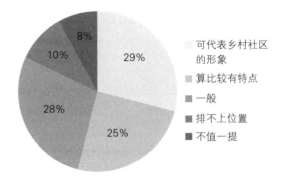

图7-70　从位置、类型、尺度大小的角度看乡村
社区内的广场在社区景观中的地位

受访者认为乡村社区内广场景观最应该加强和提升绿化方面，约占1/4，其次依次应加强空间布局、用地铺装、建筑小品和照明、水体景观等（图7-71）。

多于1/3的受访者认为乡村社区内绿地景观中步行系统组织的系统性不合理，认为引导性不强和可达性较差的受访者各占1/4左右（图7-72）。

乡村社区内绿地景观对周围环境的有着重要的作用，受访者对乡村社区内绿地景观对周围环境的作用有全面、深入的认识。对其净化空气、提供休闲场所和丰富周边环境的作用有较大的认同，整体评价较高（图7-73）。

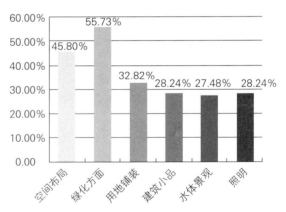

图7-71　乡村社区内广场景观需要
加强和提升的方面

关于乡村社区内绿地景观需要加强和提升的方面，受访者表示最应该加强和提升的是植物的搭配，其次分别为铺地的材料与形式、小品构筑物的艺术性、水体景观环境质量、照明和其他方面（图7-74）。

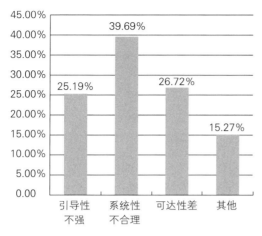

图7-72　对乡村社区内绿地景观中步行
系统组织的看法

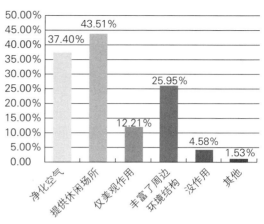

图7-73　对乡村社区内绿地景观对周围
环境作用的认识

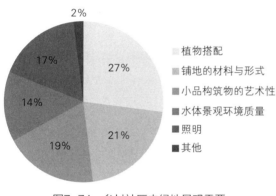

图7-74　乡村社区内绿地景观需要
加强和提升的方面

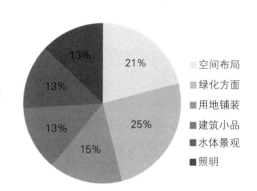

图7-75　乡村社区内广场景观需要
加强和提升的方面

受访者认为乡村社区内绿地景观最应该加强和提升是植物的搭配，其次应注意的是铺地的材料与形式、小品构筑物的艺术性、水体景观环境质量、照明和其他方面（图7-75）。

2. 广场、绿地景观构成要素

（1）硬质景观

1）铺装

近一半的受访者对社区内的广场铺装场地的形式和质量的满意度一般，1/3的受访者表示满意，约1/5的受访者表示非常满意，较少部分受访者不满意（图7-76）。期望今后社区内广场选择厚石条作为铺地材料的受访者最多，约占1/3，其次是选择混凝土砖的受访者接近1/3。各约1/5的受访者表示希望选择木板和卵石作为铺地材料（图7-77）。

2）设施

受访者认为社区内广场的信息设施（引导性标识）的最主要问题是识别性不高，其次是数量不合适、位置不合理等其他问题（图7-78）。

受访者认为乡村社区内广场的卫生设施（垃圾箱、烟灰皿等）布置的主要问题是数量不合适，其次是质量不好与位置不合理等问题（图7-79）。

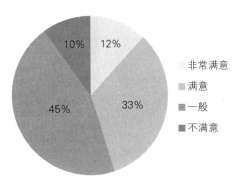

图7-76 对乡村社区内的广场的铺装场地的形式和质量的满意度

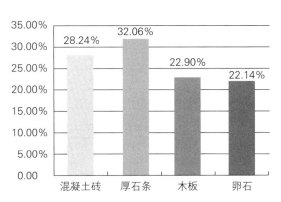

图7-77 对乡村社区内广场选择铺地材料的期望

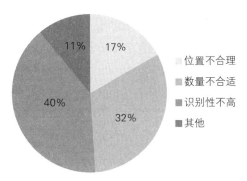

图7-78 对乡村社区内广场的信息设施（引导性标识）的看法

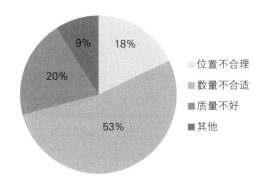

图7-79 对乡村社区内广场的卫生设施（垃圾箱、烟灰皿等）的看法

数量不合适、位置不合理、质量不好是乡村社区内广场的服务娱乐设施（健身器材、座椅、儿童设施等）存在的突出问题（图7-80）。

乡村社区内广场的照明设施最突出的问题是数量不合适，其次分别是质量不好、位置不合理等问题（图7-81）。

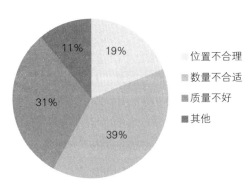

图7-80 对乡村社区内广场的服务娱乐设施（健身器材、座椅、儿童设施等）的看法

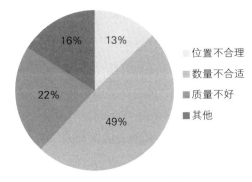

图7-81 对乡村社区内广场照明设施的看法

乡村社区内的艺术景观设施（雕塑、花坛等）的数量与质量均存在较突出的问题，同时位置不合理也是存在的问题（图7-82）。

乡村社区内广场无障碍设施的数量与安全性存在较突出的问题，同时设施的位置也现存不合理的问题（图7-83）。

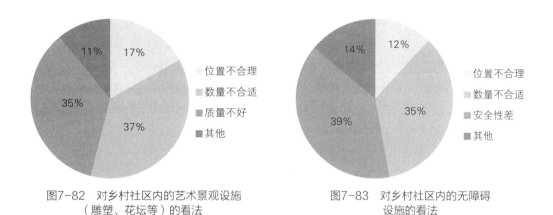

图7-82 对乡村社区内的艺术景观设施（雕塑、花坛等）的看法

图7-83 对乡村社区内的无障碍设施的看法

乡村社区内广场景观中的各类功能设施在数量、质量、安全性和与环境关系的适宜性等方面均需要加强（图7-84）。

绿地景观中各类功能设施配置中存在的最大问题是数量不合适，其次是质量问题和位置不合理等问题（图7-85）。

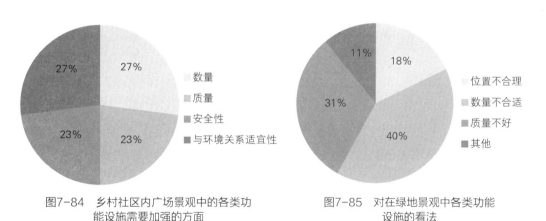

图7-84 乡村社区内广场景观中的各类功能设施需要加强的方面

图7-85 对在绿地景观中各类功能设施的看法

（2）软质景观

1）绿化

一半以上的受访者认为乡村社区内广场景观的绿化用地环境质量一般，约1/4的受访者认为环境质量较好，1/5的受访者对绿化用地环境质量评价较高，少数受访者则认为环境治理较差（图7-86）。

乡村社区内绿地景观的观赏性方面存在的普遍问题是种类单一、形象不美和搭配不当，因此需要加强植物搭配的合理性和种类的多样性（图7-87）。

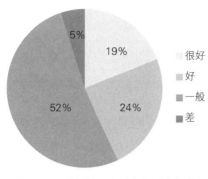

图7-86　乡村社区内广场景观的绿化
用地环境质量

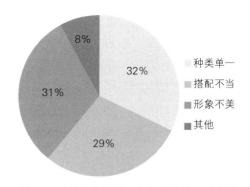

图7-87　从植物的搭配和各类来看，对乡村
社区内绿地景观观赏性的看法

2）水体

近半数的受访者对乡村社区内广场的水体景观整体质量的评价一般，认为质量很好和较好的受访者各占1/5，少数受访者认为质量较差（图7-88）。

2/5的受访者对乡村社区内绿地景观水体环境治理的满意度表示一般，1/3的人表示比较满意。表示非常满意和不满意的受访者均占较小比例。总体来说，受访者对乡村社区内绿地景观水体环境治理具有较高的满意度（图7-89）。

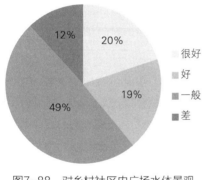

图7-88　对乡村社区内广场水体景观
质量整体评价

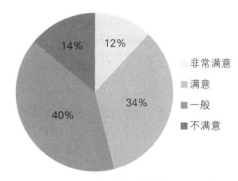

图7-89　对乡村社区内绿地景观水体
环境治理的满意度

3. 广场、绿地景观使用现状

为了解社区内广场景观的使用情况，对景观利用率、使用频率和活动内容进行调查。总体来看，乡村社区广场景观的利用率不高（图7-90）。

半数以上的受访者表示偶尔去社区内广场景观，几乎不去的与常常去的比例接近，每天去社区内广场景观的人为极少数（图7-91）。

居民到达社区内广场景观的目的多样，约1/3的受访者表示到广场进行锻炼。其次的是进行观光与游憩（图7-92）。

大多数受访者认为在乡村社区内广场内比较适合进行健身活动，占近一半的比例，其次受访者认为适合在广场内进行游玩或社交活动（图7-93）。

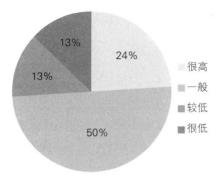

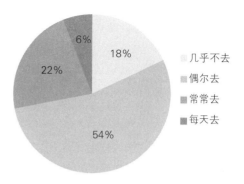

图7-90　乡村社区内广场景观利用率　　　　　　图7-91　社区内广场景观的使用频率

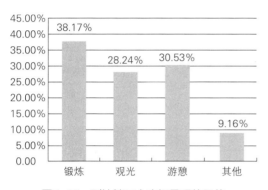

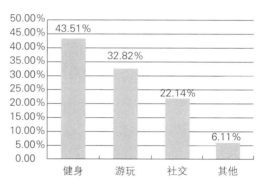

图7-92　到达社区内广场景观的目的　　　　　　图7-93　乡村社区内广场适合的活动

4. 样本村广场、绿地景观分析

（1）房干村广场、绿地景观

房干村社区内一共有3处广场景观，分别是文化娱乐广场、休闲活动广场及体育活动广场，如图7-94所示。这三个广场相互之间的位置比较邻近，功能划分明确，但都有一些共同的现状问题：

1）建设方面

通过实地调研发现，社区三个广场都存在功能设施质量较差或不齐全的现象。广场内部设施相对单一，秩序混乱，只考虑到居民休闲散步的要求，没有各种其他

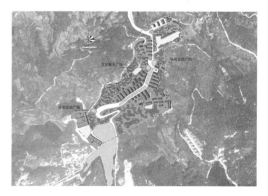

图7-94　广场景观现状分布图

使用功能，无法满足人们的需求。公共设施严重缺乏，如公共厕所、公共电话亭、街边标识及无障碍设计等。主要原因还是管理者盲目效仿其他城市地域景观，忽略自身现状条件以及居民对广场意识薄弱所造成的。其导致人们在广场内活动时，设施使用不方便，利用率低，心里产生不舒适的感觉，缺乏人性化的设计。同时，广场的规模设置相对不合理，有的空旷，有的狭小，这样使人们在活动时会感觉到空间层次差异较大，毫无关联，行为活动受到限制，人们在广场的空间里无法得到开阔的视野和私密的空间，会产生不安全的

感觉。这些感觉都无法体现出宜居理念下广场景观的特点，不能创造出广场景观宜居的氛围。

2）自然景观方面

房干村社区内的三个广场中，绿化空间的布置都严重缺乏，使整个广场显得没有自然的生机与活力。缺乏自然生态性，是这三个广场共同的问题，主要原因是在营造广场的时候对原有的自然生态环境进行过度开发利用，没有尊重其环境的特点，使广场没有达到生态可持续发展的要求。同时，广场内新增的部分绿化空间，也与原来的自然环境相冲突，从而导致人们在广场中活动的时候，只能面对单调的硬质空间，没有观赏性，没能体现亲近大自然的感觉，失去了房干村社区原本自然生态的特点，没有通过生态可持续发展的方式打造广场景观的宜居性。

3）人文景观方面

这三个广场在人文景观营造方面，都无法体现房干村的地域文化精神与内涵。目前，这三个广场在形式和功能布局上都盲目的模仿城市广场景观，忽略了房干村社区本有的自身特点，出现了比例失调的牌坊、单独设置的廊架、空旷的运动场地等。其主要原因还是管理者和开发者对房干村地域文化挖掘不深，考虑不周，只是一味地追求形式的营造，忽略了文化精神和内涵的表达，从而使人们在广场活动时，无法产生亲切的感觉，体验不到乡村社区的归属感，造成广场景观没能达到宜居性的效果。

总之，房干村社区广场景观在营造的思路和理念上出现了偏差，造成了如今广场景观建设相对落后的局面。不仅破坏了原有的生态环境，丧失了本来的乡村风貌，违背了可持续发展的原则，还给人的心理产生不舒适和不安全的感觉，并不符合宜居理念下广场景观的要求，需要进行反思和重新以宜居理念为指导来寻找以下途径解决问题：

1）文化娱乐广场景观规划布局及其构成要素现状分析

房干村社区内中部偏北处，有一处文化娱乐广场，东侧与社区内的主干道相邻，西侧与南侧紧靠居民住宅，北侧与房干村社区的超市相对。文化娱乐广场景观用地规模较小，内部设置一个文化观演舞台以及配套的管理用房。由于观演舞台占整个用地的面积较大，所以没有供人们活动的开敞空间，空间围合感较差。由于平时社区居民演出活动较少，所以观演舞台的使用率较低，环境质量较差，有时被部分车辆作为停车场使用。广场景观与居民住宅紧靠，喧闹的空间会对住宅中居民的休息产生一定影响，如图7-95所示。

图7-95　文化娱乐广场现状图

文化娱乐广场的建筑与构筑物景观包括一个舞台、一个管理用房和一个牌坊。舞台是用石块及水泥混合建造而成的，两侧设置台阶。舞台的整体形象保存完好，只是局部出现裂痕。舞台后面的管理用房与社区内的住宅风格相协调，都是红色屋顶配浅色墙体。但由于年久失修，部分墙体的颜色已经褪色或墙皮脱落。牌坊作为文化娱乐广场的独特标志，与管理用房的风格相适应。红色、绿色和蓝色相搭配，配以坡屋顶的烘托，更加明显突出。但其风格无法体现房干村的地域文化特色，只是盲目模仿其他牌坊建设而已。

文化娱乐广场景观内的硬质景观，并没有使用任何铺装，只是单调的水泥硬地，且色彩与舞台雷同，无法烘托出广场中心景观的效果。

文化娱乐广场景观内没有布置任何绿化，让整体显得缺乏自然的生机与活力。

由于用地规模较小的原因，文化娱乐广场景观内缺少建筑小品以及相应的设施，无法满足居民活动与使用的要求。

总而言之，房干村社区文化娱乐广场的空间相对狭小，无法获得开阔的视野，没有明确的空间划分，没有相对私密的空间，让人产生不安全感。同时，在使用功能上的不方便，更容易让人产生极度不舒服的心理。而绿化空间的缺少，则无法体现其生态性的一面，没有体现出与自然环境相融合的一面。广场中没有任何元素的营造能表达出房干村的地域文化特征。因此，文化娱乐广场并没有体现出其宜居理念下的特点，不能让人感受到其中宜居的氛围。

2）休闲活动广场景观规划布局及其构成要素现状分析

房干村社区内的休闲活动广场位于文化娱乐广场的斜对面，仅一路之隔。东侧与居民住区相邻，北侧和南侧视野相对开阔，为社区内的人工河道。休闲活动广场用地规模较大，内部设置一处凉亭，供人们休息交谈使用。由于广场缺乏有效的管理，白天使用不多，多作为停车场，到了傍晚居民较多的时候，才变为活动的广场。这样不仅造成了广场使用功能的混杂紊乱，还造成了车辆与居民的相互干扰，存在安全隐患，如图7-96所示。

图7-96 休闲广场现状图

休闲活动广场景观内的建筑及构筑物景观是仅有的一座凉亭。该凉亭布置在广场的东侧，邻近居住区，为人们休息、交流提供方便。但其形式与常规凉亭没有明显区别，红色屋顶和柱子，与绿色座椅相配，单独的摆放在那里，与周边环境没有任何联系。

休闲活动广场景观内没有用地铺装，其硬质景观，为水泥地，色彩乏善可陈，无法烘托出广场景观的气氛及中心景观。

休闲活动广场景观内仅在凉亭的周围种植了几棵树木，虽然与凉亭相搭配，烘托其主体，但是整个广场绿化种类数量少，缺乏植物之间的搭配，没有层次感。同时，广场与人工河道相邻，也没有根据河道的现状来进行相应的景观营造。缺乏自然景观点缀的广场景观，无法塑造与周围环境相融的和谐气氛。

休闲活动广场景观内没有设置建筑小品及设施景观供人们欣赏和使用，如照明设施、垃圾箱等，不仅影响了居民夜间活动的安全性，同时广场景观环境容易被污染破坏。

总而言之，房干村社区休闲活动广场的功能定位和分区不明确，缺乏层次感，没有很好的对社区空间起到调节作用，同时使用功能上的不方便，让人产生极度不舒服的心理。同时没有与周边自然环境很好的融合，没突出房干村的生态性特点。广场中没有任何元素的营造能表达出房干村的地域文化特征。因此，休闲活动广场并没有体现出在宜居理念下的特点，不能让人感受到乡村社区中宜居的氛围。

3）体育活动广场景观规划布局及其构成要素现状分析

房干村社区内的体育活动广场位于房干村社区的南侧与鹿鸣山庄邻近。东侧与社区内主干道相邻，北侧、南侧和西侧由自然环境所包围。体育活动广场规模适中，主要供居民平时体育锻炼活动使用。在广场的正上方有一高架路通过，显得与广场环境极为不协调，使人们在活动的时候产生压抑的感觉，如图7-97所示。

图7-97　体育休闲广场现状图

体育活动广场景观没有用地铺装，其硬质景观为水泥地，色彩暗淡，与广场的功能性质不相符，缺乏运动活力的氛围。

体育活动广场周边现状有自然生态环境，相互搭配的植物，形成了广场景观背景。但其层次感不强，搭配略显单调，在视觉上没有给这里活动的人以美的享受。

体育活动广场景观内主要设置体育运动设施供居民使用，并没有照明设施、垃圾箱等其他设施，在使用上会给人们带来不便且存在安全隐患。

总体来说，体育活动广场位置的选择并没有充分考虑其周边环境条件，高架路的存在影响了广场景观的空间布局，形成了无法使用的死空间，让人觉得不舒服和不安全。同时，照明设施的缺少，会给夜间来这里活动的人们带来不便，有一定的安全隐患。因此，体育活动广场景观没有体现出宜居理念下的广场景观安全舒适的特性，创造不出宜居环境的氛围。

4）房干村社区广场景观存在的主要问题

①空间布局不合理，体验性不佳

乡村社区广场的空间布局和功能划分，对广场景观的营造起到极为重要的作用。对于房干村社区广场景观来说，其广场内部的空间布局和功能组织都缺乏合理的考虑，空间单一缺乏层次感，无法根据人的行为设定公共和私密空间，会使人们在使用的过程中，感到压抑隐患，不安全。此外，在广场规模控制方面，空间尺度的把握没有考虑到人们的需要，过分空旷或狭小，无法让人产生亲切感，缺乏归属感。这些都造成了房干村社区广场景观在社区空间里的格格不入，无法体现其宜居的特点。

②规模控制不当，失去调节作用

房干村社区广场景观不仅能美化社区环境，同时还需要对社区内的建筑密度和人口密度进行调节。但是社区内广场景观的规模控制缺乏考虑，或狭小，或空旷，使其周边的建筑密度和空间调节变得不合理；而且其内部的建筑与构筑物景观比例不恰当，用地铺装景观简陋，自然景观的稀少及设施的不齐全，如公厕、电话亭、报亭等，这些都导致了在广场内活动的居民不得不选择其他地方活动，从而使广场空间的人口密度减小，周边环境的人口密度增加，造成环境的压力增加。

③缺乏生态性，不注重可持续发展

良好的自然生态环境不仅可衬托广场核心景观的背景，同时也是形成广场景观的基础。房干村社区内部分广场没有自然景观或人工绿化空间，有的是在开发的过程中破坏了原有的生态环境，违背了可持续发展原则，有的设置了自然景观，但是植物配置单调，缺乏层次感，观赏性较差。缺乏生态性是房干村社区广场景观比较突出的问题。广场景观营造应遵循房干村一直倡导的生态理念，尽量保留原有的生态自然环境，同时选择当地的植物适当加以利用，从而突出房干村社区广场景观的自然属性。同时，可以通过人工手段，借鉴园林造景的手法，将水景与周边环境相配合，领略广场景观别具一格的自然风情。

④文化挖掘缺乏深度，缺乏场所精神

房干村在发展经济的同时，忽略了对社区内广场景观进行系统的规划，景观营造的形式以模仿为主，没有明确的主题内容和表达文化精神。由于广场没有主题，所以房干村社区内的广场无论在细节和整体的营造上，都无法塑造出合适的场所精神，从而让身在其中的人们无法感受到广场所表达出来的文化魅力。房干村有着鲜明的地域文化特征，在广场景观营造过程中，对其文化内涵的挖掘深度不够，没有从各个广场景观感受到房干村的文化和精神内涵，也没有表达出一种乡土气息。房干村的历史文化是其独有的，正是其拥有了这种特殊的文化，才能通过房干村社区广场景观这个载体充分的表达出来。对历史文化的表达是广场景观营造中浓墨重彩的一笔，因此，营造出别具特色、主题鲜明的广场景观不仅能创造出独特形象，也能塑造文化内涵。

5）房干村社区绿地景观现状分析

房干村社区内拥有良好的自然绿地景观环境，其绿地景观环境以原有房干村社区内的自然绿地为基础形成，主要分为自然绿地景观、街边公共绿地景观、生产绿地景观以及道路绿地景观，如图7-98所示。在绿地景观空间布局方面，主要以房干村社区内主要道路、河道为依托，将各类绿地景观联系起来，形成主要的绿化景观轴线。但是在部分居住区域以及公共活动区域的绿地景观相对缺乏，没有形成区域或组团内的公共绿地景观，分

图7-98　绿地景观现状图

布不均衡，内部的步行交通组织混乱或缺失，而且与其他绿地景观的联系较差，并没有在房干村社区内形成点、线、面相结合的绿地景观系统。

①自然绿地景观现状分析

房干村社区内的自然绿地景观是以周边的自然环境为基础形成的。将周边地形起伏变化的山地和林地渗透到社区内，形成具有一定观赏性的自然绿地景观。植物配置方面，主要以乔木和灌木的搭配为主，给视觉带来不同层次的绿地景观的感受。由于居民的维护意识淡薄以及管理部门的疏忽，部分自然绿地被占用，进行不合理的开发，还有缺乏了对自然景观整体环境的营造，不仅破坏了原有的自然生态环境，同时还丧失了自然景观的美学特性，无法让人感受到乡村社区亲近自然的宜居氛围，如图7-99所示。

图7-99　自然绿地景观现状图

②街边公共绿地景观现状分析

街边公共绿地景观主要分布在房干村社区内主干道的两侧。不仅增添了道路的视觉美感，丰富了道路两侧的空间环境，同时还为人们提供了休憩、交流的场所。目前，房干村社区街边公共绿地仅在主干道有一处，河道两侧并没有形成公共绿地。街边公共绿地的构成主要以建筑小品和绿化为主。虽然建筑小品的设置为居民提供了休憩的空间，但与周边环境缺乏呼应，没能与周边绿化形成整体，且内部交通组织不完善，联系性较差。绿化环境中，植物的搭配没有层次感，无法烘托出主体景观，同时也没有体现房干村社区自然生态的一面，而且色彩单一，缺少鲜艳明亮的颜色来映衬环境，如图7-100所示。

图7-100 街边公共绿地景观现状图

③生产绿地景观现状分析

生产绿地景观主要集中在山地居民住区的附近。生产绿地景观的形成受自然因素和人为因素的干扰较大，为房干村社区内提供一种另类的观赏景观空间，改善生态环境，但需要注意对自然灾害的预防。房干村社区生产绿地主要以苗木、花草为主，规模相对较小，分布不均匀，散乱，与周边的自然环境格格不入，没有形成有机的整体，如图7-101所示。

图7-101 生产绿地景观现状图

④道路绿地景观现状分析

道路绿地景观以原有的自然环境为依托。房干村社区内主干道两侧的绿地景观相对丰富，观赏性较好。不仅形成了社区内良好的绿色廊道，改善了生态环境，同时，还具有美化的功能。但在通往各个居住区的支路或巷道两侧的绿地景观比较缺乏，人们在其中无法感受到与自然亲近的感觉，观赏性较差，不能产生愉悦的心情，没有体现乡村社区宜居的特点，如图7-102所示。

6）房干村社区绿地景观存在的主要问题

①公共绿地景观缺失，绿地景观不成系统

目前，在房干村社区居民的住区、河道两侧、广场等公共空间内，都缺乏一定规模的公共绿地，社区内主要道路两侧的街边绿地的数量也相对较少，各类绿地景观之间相互没

图7-102   道路绿地景观现状图

有联系，没有层次感，缺乏科学合理的布局，不成系统。

②生产绿地布局不合理，缺乏保护

房干村社区生产绿地多数集中在山地地形中的乡村住宅旁边，与自然绿地混在一起，相互干扰。肆意的侵占自然用地，来改造成生产绿地，会对原有的自然绿地景观环境造成破坏，与周围环境不协调，失去乡村自然美的特性。

③部分绿地景观退化，观赏效果不佳

虽然房干村注重对自然生态环境的建设，但随着社会的发展进步，房干村社区在开发的过程中，绿地景观遭受到不同程度的破坏，部分绿地景观逐渐退化，或被取代，造成了乡村景观观赏性降低的结果。

（2）大梨树村广场、绿地景观

大梨树村社区内的广场景观数量不多，按照功能分类，有文体宫入口处的文体广场和毛泽东展览馆入口处的主题休闲广场。这两个广场为大梨树村居民提供了日常生活休闲、游憩的场所，但广场景观建设仍存在一些问题。

1）文体宫广场

文体宫广场位于大梨树村社区的东北部，与社区内的主干路大四线路相邻，北靠文体宫，西与知青主题饭店相邻，地理位置优越。该广场主要供居民日常体育锻炼、文艺表演使用，是社区内主要的活动场所，如图7-103、图7-104所示。

在空间组织方面，文体宫广场空间组织比较单一，没有形式上的变化，缺乏秩序组织，功能单一。

图7-103   文化宫广场

广场用地主要由铺装场地、绿化用地、建筑附属用地组成。铺装场地主要由硬质的灰色砖块铺砌而成，没有通过颜色的变化来进行引导和空间的划分；绿化用地主要以草坪和灌木为主，植物配置也比较单一，没有层次感，广场周边并没有绿篱围合，没有形成广场安逸的环境；在建筑附属用地布置文体宫、体育设施等，初步满足了居民日常休闲、运动的目的。

图7-104 广场景观现状图

　　广场内十分空旷，配套设施严重缺乏，并没有足够的座椅来满足居民日常的休息停靠和相互交流的平台和空间。广场内没有雕塑以及其他建筑小品，没有形成独特的标志，而且夜间的照明设施数量不多，留下了安全隐患。

2）毛泽东展览馆广场

　　毛泽东展览馆入口处的广场位于大梨树社区内的西南部，南邻五味子街，北望大梨河，处在西南部社区的核心位置，地理位置优越。该广场不仅为社区内居民提供了聚集活动的场地，也成为外地游客来此休息、游览的重要场所，如图7-105～图7-107所示。

图7-105 毛泽东展览馆广场位置图　　　　　　图7-106 毛泽东展览馆入口

图7-107 广场景观配套设施现状图

　　在空间组织方面，广场是半围合的空间形式，缺乏内部空间组织和有秩序的引导，整体非常空旷。

广场用地由铺装场地、绿化用地、建筑附属用地组成。铺装场地主要是以灰色条形砖块铺砌而成，形式单一，同样也没有通过颜色变化来进行空间的划分。绿化用地主要以草坪和乔木为主，起烘托展览馆的作用。建筑附属用地以展览馆为主，同时设置了一些小型商业店铺。

广场内的配套设施和景观小品严重缺乏，没有设置座椅、花坛，满足人们相互交流和观赏的愿望。没有设置雕塑小品，使整个广场缺乏与展览馆相呼应的主题和生机。夜间的照明设施比较齐全，满足了居民夜间来此活动的安全需求。

3）绿地景观现状

大梨树村社区内的绿地景观多以人造绿地景观为主，主要集中在大梨河两侧分布，其他绿地景观散点式的分布在各处。从布局模式来看，社区内沿河两侧的带状绿地景观空间很明确，但诸如居住空间、公共空间的绿地景观分布不均衡，且面积较小，没有形成区域内的公共绿地景观，缺乏点、线、面相结合的绿地系统，并没有实现给居民提供观赏和休闲漫步的功能，如图7-108、图7-109所示。

图7-108　绿地景观现状分布图

图7-109　绿地景观现状图

在绿地景观内交通组织方面，面积较大的绿地内没有明确的路径来暗示或引导游览者进行游憩，游客不得不自己在草地上走出一条道路，破坏了生态环境，有的绿地被人破坏掉了；且游憩小路的形式比较单一。

在植物配置方面，社区内主要以草坪、乔木、灌木和一些花卉构成。在河两侧的绿地植物配置相对单调，缺乏生态性，并没有突出社区绿地景观的特点。居住用地和公共服务设施用地周边的绿地景观，在营造上没有形成层次，主次不明确，没有烘托出安逸的田园生活的气氛。

社区内的绿地景观缺乏相配套的公共服务设施和娱乐设施，座椅、垃圾箱等数量较少，不齐全，且设置不合理。而一些娱乐设施，形式单一，设施工艺不够精细，造型不美观，不利于居民审美品质的提高。同时，如路灯、雕塑、石桌、亭子等景观小品，在绿地景观内严重缺失，无法体现绿地景观的特色，不能给居民提供休息、活动、观赏的场所及便捷的交流和互动空间。

第五节

河流、水系景观

河流、水系是自然界中健康和安全的重要基础和关键廊道，是乡村居民享受生态系统服务的基础。河流、水系景观是一条流动的维护大地景观系统连续性的生态廊道，也是一条关乎乡村历史文化的遗产廊道，是乡村居民步行、休息的绿色休闲通道，是乡村景观界面，反映着乡村的地域人文特色，同时展示着乡村居民多样的生活状态，是一个生活界面。

针对宜居乡村社区的河流、水系景观现状问题，为因地制宜的运用水文化营造特色河流景观，本次调查从景观整体环境、景观营造形式、景观的功能与审美等方面展开。

1. 河流、水系景观整体环境

在对乡村社区河流、水系景观整体环境的调查中，首先是居民对于所居住村庄的河流、小溪等水系环境的满意度，仅有约1/4的人表示满意，近一半的受访者表示对居住村庄的河流、小溪等水系环境的满意度一般，近1/3的受访者是不满意或非常不满意。可见乡村社区河流、水系景观的整体环境还有待提升（图7-110）。

对于河流、水系，受访者表示主要注重的景观特色和品质是河水的清澈度、水系周围的小景观和水岸砌岸的形式，其次还关注河水景观文化以及与河水有关的游憩活动和文化活动（图7-111）。

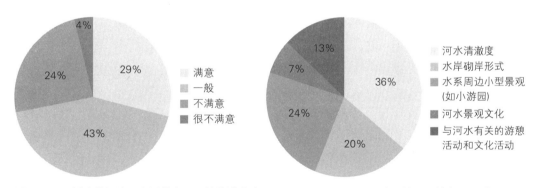

图7-110　村庄的河流、小溪等水系环境的满意度　　　图7-111　居民注重的景观特色和品质

调查中发现目前河流水系景观的主要问题分别是水质变差、缺少河流水系景观，岸线风貌单一，其次是水系与村民生活的关系淡化，村民生活缺少亲水的活动以及河道周边绿化不成系统，季节性明显，秋冬缺少景观也是突出的问题（图7-112）。

关于乡村社区河流、水系景观需要进行改善的方面，受访者的选择多集中在水质恢复、水体自然形态恢复和乡土植物恢复等方面，对于文化历史恢复、滨水活动空间改善和基础设施改善等方面关注较少（图7-113）。

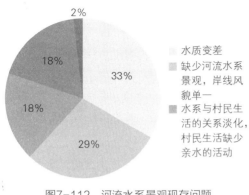

图7-112   河流水系景观现存问题

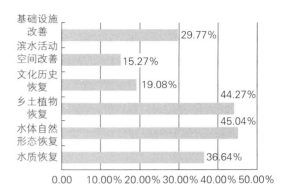

图7-113   乡村社区河流、水系景观需要
进行改善的方面

2. 河流、水系景观营造形式

乡村社区居民对于水景的需求是丰富多样的，对于泉水景观、湖水景观、河水景观的需求程度是非常接近的（图7-114）。

在对现状河岸形式处理的满意度的调查中，近一半的受访者对于现在的岸线处理是满意的，1/3左右的人认为处理的一般，少数的受访者则表示是不满意或者是不太满意的（图7-115）。

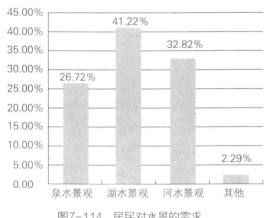

图7-114   居民对水景的需求

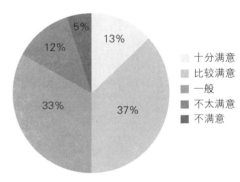

图7-115   对现状河岸处理的满意度

对于乡村社区适合采用的驳岸形式，近一半的受访者表示他们最认可的是自然式草坡，其次是约1/3的人认可自然式的砌筑形式，少数受访者认可规则式混凝土砌筑的驳岸或混合式驳岸。可以看出受访者大多数喜欢更自然的驳岸形式（图7-116）。

村庄内的河道水网的分布对乡村社区环境的影响是很大的。调查结果显示，目前一半以上的村庄内部的河道水网需要进行改造（图7-117）。

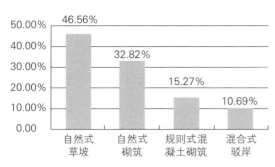

图7-116　村民认为更值得采用的驳岸形式

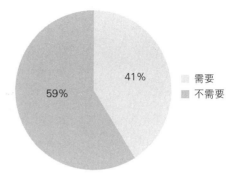

图7-117　村庄内的河道水网是否需要进行改造

3. 河流、水系景观功能与审美

河流、水系景观在乡村社区生活中发挥着重要的功能。在河流、水系景观对乡村社区生活的重要性认知的调查中，大部分的受访者认为河流水系景观对乡村社区生活来说是重要的，约1/5的人认为重要性一般，仅少数人认为不重要（图7-118）。

受访者表示在河岸进行的游憩活动内容丰富多样，包括散步、休闲娱乐、生态教育、戏水以及其他活动。在调查中，一半以上的受访者表示在河岸进行的游憩活动主要以散步为主，1/4的是休闲娱乐，剩下的少部分人进行生态教育、戏水等活动（图7-119）。

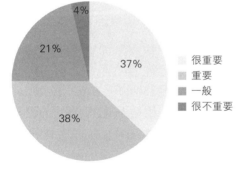

图7-118　河流水系景观对乡村社区生活的重要性

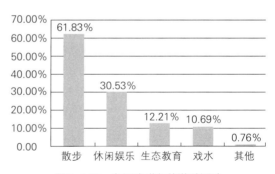

图7-119　在河岸进行的游憩活动

为充分发挥景观功能，需要一定的景观配套设施辅助功能的实现。近一半的受访者认目前存在的景观设施大多数都只是实现了其一点的使用功能，1/3的人认为基本实现了使用功能，还有一部分受访者表示目前景观设施完全没有实现其使用功能（图7-120）。

为更好地发挥景观设施的功能，设施的质量应该得到保障。在对目前景观设施质量的调查中，近一半的受访者认为景观设施质量一般，约1/4的还算较好，质量非常好的占少数，同时还存在部分质量较差的设施（图7-121）。

受访者对于景观设施的需求是多样的，其中主要以座椅和休息廊架为主，运动健身设施、遮阳伞、公厕、垃圾桶等也是需求较多的景观设施（图7-122）。

为乡村社区水景视觉美感打4分和3分的受访者各占总数的1/3左右。可以看出，绝大多数的受访者对于水景的视觉美感还是比较认可的（图7-123）。

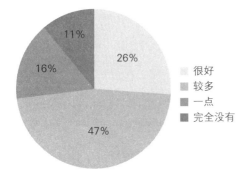

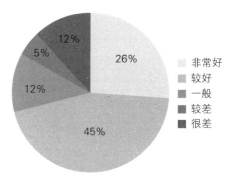

图7-120 目前存在的景观设施是否实现其使用功能　　图7-121 目前景观设施的质量

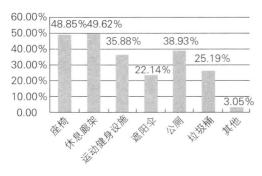

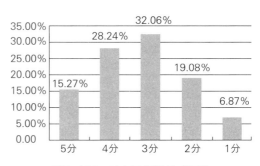

图7-122 需要添加的景观设施　　图7-123 对水景视觉美感打分

4. 样板村河流、水系景观分析

（1）房干村河流、水系景观

房干村有大小河流共计10条，总面积约1000亩，年蓄水量7500万立方米；有大小水库50余个，总面积150亩，年蓄水量500万立方米。河流水库主要用途为观赏，其次为灌溉。村中有一条河流穿村而过，连接了南北的桃源水库和下沟水库，如图7-124、图7-125所示。

图7-124 水库　　图7-125 村中河流

河流周边除了统一种植的行道树外，基本都是自然绿化，河道与路面有高差，经过人工修整，为硬质铺装，河流水质一般，虽然没有垃圾倾倒现象，但是因为周边树木落叶漂浮在水面上，视觉感官稍差。水库临近鹿鸣山庄，观赏用途较强，同时也承担灌溉功能，水质较好。周边绿化较少，除了保留的原有树木外，没有进行系统的绿化组织。

（2）大梨树河流、水系景观

大梨树村村庄内有中、小河流三条，总长21公里，并有小型水库3座（小西湖、瑶池、龙母湖）。拦水坝12座，总蓄水量30万立方米。将原有自然的沟塘开辟成水面达20余亩、蓄水量20万立方米的小西湖，双龙湖位于大梨树村东北侧，群山环抱，环境优美。原有的季节性干河道开掘成人工运河梨花河，河水引自山泉水，沿运河两岸设置自然景点青龙潭、神树湾等20多处。

第六节

特色景观

乡村特色景观反映着乡村风貌，体现着乡村历史与时代的结合，传统与新兴的碰撞，有景观与环境的统一，也有产业与功能的融合，是反映当地乡村人文社会特色的一种重要的景观载体。它不仅包含乡村的物质形态，也包含着乡村的人文色彩，应用其自然、建筑和人文景观营造出具有个性的景观特征，是目前我国乡村景观应重视的发展方向，从而避免"千村一面"的现象，营造健康发展的乡村景观环境。

针对宜居乡村社区的特色景观，从景观整体环境、景观物质要素和景观文化传承等方面提出了一系列问题并加以分析。

1. 特色景观整体环境

首先是村民最关心的景观特质，2/5的受访者表示他们最关心的主要是景观的实用、方便，其次是舒适和美观、观赏性，少数受访者关心景观是否具有文化内涵（图7-126）。

接下来考察受访者对乡村社区整体环境的评价，1/3的受访者认为景观的精致程度不足，近1/5的受访者对乡村社区整体环境感觉不是很亲切，有的受访者表示景观元素单调，仅少数人认为乡村社区整体环境很宜人（图7-127）。

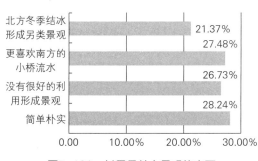

图7-126 村民最关心景观的方面

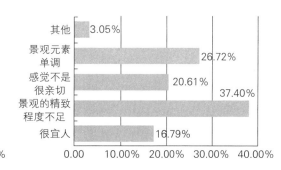

图7-127 对乡村社区整体环境的评价

　　乡村社区的整体环境取决于景观特色风格的营造。在调查中，多数受访者认为乡村社区的风格应该是保持传统和自然气息或者传统与现代兼容，有近1/5的人认为乡村社区应该洋溢现代气息，少数受访者认为新颖奇特的风格是有特色的（图7-128）。

　　针对当前乡村社区景观特色建设存在的问题，受访者认为主要的问题是盲目模仿城市景观和传统的风俗文化、生活方式的破坏，其次是过于形式主义，不考虑实际情况和不注意保持环境质量（图7-129）。

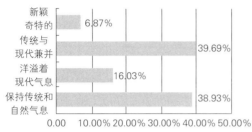

图7-128　比较有特色的乡村社区风格

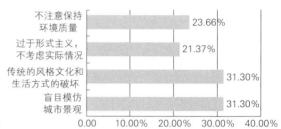

图7-129　当前乡村社区景观特色建设存在的问题

2. 特色景观物质要素

　　乡村社区的特色景观物质要素可以由公共空间、乡土建筑、景观小品、绿化种植等方面构成。

（1）公共空间

　　水体景观作为乡村社区的一种公共空间应具有自己的特色。1/4的受访者认为其居住的乡村社区对于水体景观的利用主要以简单朴实为特点，还有1/4的受访者认为其居住的乡村社区水体没有被很好的利用形成景观，受访者中还有人表示更喜欢南方的小桥流水或者是北方冬季结冰形成的另类景观（图7-130）。

　　受访者认为乡村社区中最吸引人的公共空间特色景观应该是景观大道和滨水景观空间，其次是主题广场、公园（图7-131）。

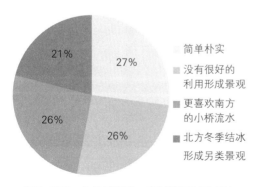

图7-130　从地域来看，乡村社区对于水体景观的利用特点

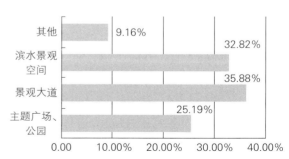

图7-131　乡村社区最吸引人的景观特色

（2）乡土建筑

乡村社区的建筑布局各具特色，多数建筑沿主要道路分布，有的建筑是分散或者集中布置，仅少数乡村社区的建筑是历史留存无明显规律（图7-132）。

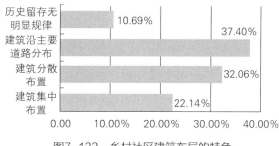

图7-132 乡村社区建筑布局的特色

（3）景观小品

在乡村社区内各类景观中的小品设施与主题是否相呼应的调查中，一半以上的受访者认为乡村社区内各类景观中的小品设施与主题呼应的一般，1/10的受访者认为呼应的较差，其余的人认为有较好或很好的呼应，可以看出乡村社区内各类景观中小品设置与主题的呼应程度较一般，有待提升（图7-133）。

在对乡村社区标志性景观元素利用的满意程度调查中，一半以上的受访者对乡村社区标志性景观元素利用的情况表示一般满意，仅1/3左右的受访者表示满意或者非常满意，其余的受访者表示不满意，可以看出乡村社区标志性景观元素的利用还有待提高（图7-134）。

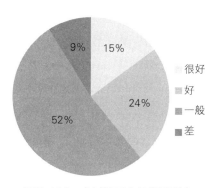

图7-133 乡村社区内各类景观中的小品设施与主题相呼应程度

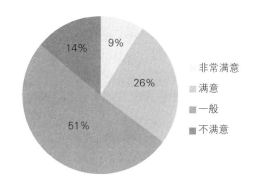

图7-134 对乡村社区标志性景观元素利用的满意度

（4）绿化种植

调查中，近一半的受访者认为乡村社区绿化种植方面的特色应表现为植物多是乡土物种，近1/4的受访者认为绿化很丰富也是乡村社区种植的特色，还有近1/4的受访者表示没有什么特色，只是随便种种，只有少数人表示其所居住的乡村社区在绿化栽植方面有一定的考虑（图7-135）。

以上针对乡村社区特色景观的物质要素进行了调查分析，总结其需要进行改造的方面，受访者的关注多集中于建筑景观和绿化种植等方面的改造，其次是需要加入一些北方特色景观，少数人认为乡村社区只需要整治环境而没必要进行大的改造（图7-136）。

3. 特色景观文化传承

被调查的乡村社区中现存的文物古迹，革命活动地，现代经济、技术、文化、艺术、

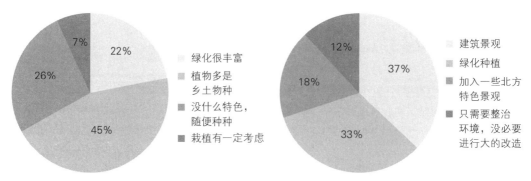

图7-135　乡村社区绿化种植方面的特色　　　　　图7-136　乡村社区景观需要进行改造的方面

科学活动场所,地区和民族的特殊人文景观比例相当,均占总数的1/5左右,同时也有1/5左右的乡村没有现存的人文景观(图7-137)。

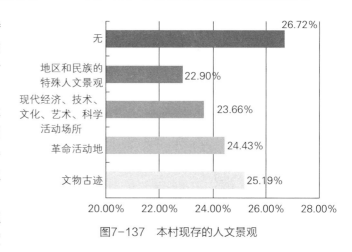

图7-137　本村现存的人文景观

在有现存人文景观的乡村社区中,保存状况非常好的仅占不到1/5的比例,保存状况较好的不到一半,约1/3的乡村人文景观保存情况一般,少数的乡村保存状况较差。总体看来乡村社区人文景观保存现状比较好,但还需加大保护力度(图7-138)。

在有现存的人文景观的乡村中,人文景观的利用状况非常好的仅占1/10,利用状况较好的近一半,1/3左右的乡村人文景观利用情况一般,部分乡村保存状况较差。总体看来乡村社区人文景观利用现状比较好,但还需进一步完善人文景观的利用(图7-139)。

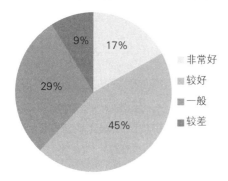

图7-138　本村现存人文景观保存情况

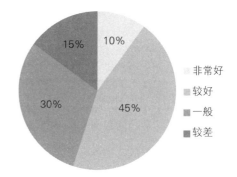

图7-139　本村现存人文景观利用情况

受访者对于目前乡村社区景观对文化的再现和传承的满意度不高,不到半数的受访者对当前情况表示非常满意或者满意,绝大部分受访者表示一般或者不满意(图7-140)。

针对以上乡村社区特色景观文化传承的现状问题,对受访者在未来特色景观建设中的看法进行调查,绝大多数受访者都表示乡村社区特色景观营造中应该注重反映乡村历史风貌并体现新农村发展的特色(图7-141)。

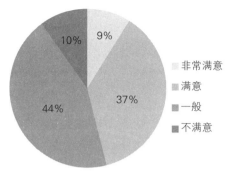

图7-140 村民对目前乡村社区景观对
文化的再现和传承的满意度

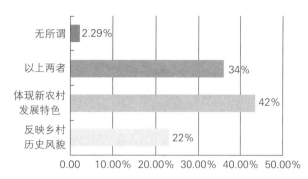

图7-141 乡村社区特色景观营造中应该加强
建设的问题

4. 样本村特色景观分析

（1）房干村特色景观

1）房干村社区特色景观营造现状

房干村内有一处保留下来的房干旧址，是党的十一届三中全会以前所建，村中的房屋基本为这种草房的形式，后经历了改革开放以后的发展，村中的住房条件发生了很大的变化，草房变瓦房、瓦房变楼房，村中已经没有简陋的草房，仅保留此一处作为历史发展的见证（图7-142）。

图7-142 房干旧址

房干村自然景色优美，有丰富的自然资源，森林覆盖率达到90%以上，素有"天然氧吧"之称，经过多年的开发，在房干村南部形成30多个大小景点，如图7-143所示。主要沿两大峡谷分布，即九龙大峡谷和天门峡。峡谷险峻曲折，飞瀑流泉相连，奇石森林广布，郁郁葱葱，遮天蔽日，徜徉其间，令人神清气爽，是天然的"高山氧吧"；湖水碧绿澄澈，水中鱼虾众多，周围古山绿树环绕，景色雅致秀丽；村庄房舍依山就势，以石墙红瓦为主。

九龙大峡谷（图7-144）：横跨大王庄、雪野两个乡镇，穿越15座山峦，下自龙尾、上至房干，全长约10公里。谷中古树参天，两边奇峰突兀，山、泉、潭、瀑、洞分布于峡谷，至今保持原始风貌。峡谷中有卧龙峡、杏花村、照壁峰、黑龙潭、龙女潭、龙门潭等景观。潭潭相连、瀑瀑相接，有诗曰："龙隐深潭鹰恋峰，赤日照壁见银星。龙潭风景皆诗意，莱芜河山此景雄"。还有金泰山、石云山、天门峡等山峦峡谷。

图7-143　景点地图

图7-144　九龙大峡谷

金泰山（图7-145）：海拔840米，山峰突兀拔地而起，三面绝崖，仅西可登。传说泰山碧霞元君东巡，观此山不俗，即按泰山的模式施以金火变化而成，与泰山很相似，故名"金泰山"。金泰山山顶的探海石，长9米多，是金泰山的标志性景观，像一把利剑直插苍穹，极具观赏价值。探海石之西，有四块巨石相叠，上有一圆石，呈现出宽额头、高鼻梁、阔嘴巴，双目微闭的大佛头像，中有长圆大石为佛肚，下有二石相抵是双脚。上下足有40米高，远

图7-145　金泰山

望特别像一尊罗汉，故名"三叠罗汉"。山顶还有动心石、巨蟒岩等景观。

石云山（图7-146）：海拔860米，以奇石异洞著称。山上沟壑纵横，经千百年风雨侵蚀，山谷中形成了成片的光滑滚圆的鹅卵石，远远望去像漫飘在青山绿树间的白云。白岩下面经洪水冲刷，形成了无数洞穴，有的大如客厅，有的深不可测，有的洞洞相通，其中有一大洞穿透山体，极具观赏价值。民谣曰："石云山，石云山，七十二洞住神仙"。山顶还有硕大的两巨石，左右排开，中有20米宽大道直通天街，形成了天然石门，上刻有"天门"二字，古朴庄严，与景观浑然一体。石云山南麓尚有四岭：天王岭、凤凰岭、金龟岭、佛光岭，有五条山谷：风月谷、青云谷、卧虎谷、蟠龙谷、雷涧谷。

天门峡（图7-147）：在石云山北麓，长约5华里，峡中谷壑交错，内有情人谷、龙凤谷、鹿鸣谷、蝴蝶谷，并有特大的饺子石、元宝石、花盆石等景观。

2）房干村社区特色景观存在的主要问题

由于房干村社区的地形高低起伏，其空间布局十分有特点，而且房干村一直把自然生态的理念融入整个乡村的建设中，将乡村打造成一个天然的氧吧。但目前在房干村社区内，居住区以及公共活动空间如广场、河道、街边道路等，自然景观的营造效果相对较差，缺乏生态性，没有体现出乡村特有的自然宜人的氛围。同时，在人文景观塑造方面，受城市文化冲击的影响，部分景观的营造并没有体现当地的特色，缺乏对景观细节的处理，应该对当地历史文化进行更加深入的挖掘和研究。

图7-146　石云山　　　　　　　　　　　　图7-147　天门峡

（2）大梨树村特色景观

大梨树影视城和知青城是大梨树村社区内重要的景观，也是社区内有特色的景观。这两处景观不仅丰富了社区内居民的活动形式，同时还吸引大量的外来游客来此参观，成为社区内的一大亮点。

大梨树影视城和知青城都位于社区内的中心区域，相邻布局。从所处的地理位置来看，这里与周围的居住空间相邻，能够吸引人们来到这里休闲、游憩，是社区内主要的活动场所之一。

影视城以民国以及新中国建国初期时期为背景，建造了一些当时风格的建筑来营造影视城内的景观空间（图7-148）。这里的建筑大多沿街道两侧布置，形成线性开敞空间；而知青城内的建筑则保持了原有乡村聚落的空间模式。这两处的建筑组合形式，基本以围

图7-148　影视城内景图

合和半围合式为主，形成了供游客观赏的开敞空间。但这些空间并没有明确的序列组织，一些景观散点式的分布在各处，缺少系统组织。

影视城和知青城内的用地大多都以建筑用地为主，铺装场地在影视城内居多，都是用不规则的灰色石块作为铺装材料，以突出当年的民国乡村地域风格。而绿化用地所栽种的草坪、乔木、灌木等都是为烘托各种建筑景观而种植，散点式的分布，并没有形成绿化系统。

在影视城和知青城的内部，有许多与其建筑风格和主题相呼应的景观小品和设施，如座椅、垃圾箱、磨盘、亭子等小品，从形式和风格上与环境形成了统一，如图7-149所示。这些小品点缀了这里的景观，增添了许多情趣，为居民和游客提供良好的散步、交流、休憩的环境。

图7-149　景观小品设施

第七节

乡村社区各类景观优化、建设小结

1. 总结

（1）景观现状特征

1）景观类型多样

乡村社区景观的单元结构和功能具有多样性，融合了自然景观、半自然景观和人工景观，既有商业、居民点和道路等人工景观，又有森林、河流、农田、果园和草地等自然风光，具有丰富的景观类型。由于有的乡村社区地势险峻，有高差，具有垂直性等特征，山体具有阳坡、阴坡或迎风坡、背风坡之分，从而使得乡村社区景观具有较强的多样性。

2）景观异质性程度高

山区乡村社区与平原乡村社区相比环境受地形影响较大，具有较大的差异性及较高的非规整度，乡村景观中的耕地斑块、林地斑块不可能形成如平原地区的耕地斑块、林地斑块般规则的形状和平齐的边界。乡村景观中的斑块形状复杂，边缘破碎，破碎度极高。道路一般选择蜿蜒盘旋的环山公路，除人工修建的道路外，由人类踩踏出来的小径，或是长期放牧的山坡牧道等，都具有较高曲度，呈蜿蜒盘旋向上的特点。河流廊道受高低起伏的地形影响，在山区往往呈现出切割深，曲度和垂直高差都较平原河流大的特征。

（2）景观现状问题

1）建筑布局与形式

部分乡村社区受所处的地理位置和环境因素影响，经济发展缓慢，受外来文化影响较小，因此，具有当地传统的乡村聚落特点，大多都保持传统民居特色。由于近几年社会经济的发展，许多城市里的人被乡村社区内的山水自然景观和具有乡土特色的人文景观所吸引，为了缓解城市生活的压力纷纷驱车到乡村旅游。渐渐地，乡村社区内一部分村民自发建起了接待宾舍，以增加收入，新建、扩建的部分房屋一般运用现代技术和材料，比传统民居体量大而且整洁，但是却失去了原有的文化特色，村庄内现有的建筑与传统建筑风格具有明显差别，缺失了原有的乡村传统风貌。

2）交通条件

部分乡村社区现有交通便利，道路设施较完善，乡村建设现状良好，但是也存在一些可以提升的部分。大多数道路景观建设相对薄弱，只在主干道进行道路绿化，没有对巷路进行统一绿化。主干道绿化以种植行道树为主，道路景观层次不丰富，需要提升并完善道路景观细节营造。距离主干道及景区较远的社区道路建设相对薄弱，没有进行道路平整及硬化，一遇到雨雪天气，道路泥泞使得村民出入相对不便。

3）服务设施功能相对薄弱

虽然一些村庄内设置了垃圾回收点，并在主干道设立了垃圾回收装置，但是在巷路中缺少垃圾回收装置，覆盖不完全，有些村户将家中杂物或垃圾随意堆放在街道上或者宅院旁，破坏了整体街道环境。在调查中发现，村民在村内主要的活动空间为文化娱乐活动广场，以及街道的节点处、社区服务中心等处。村内的文化娱乐广场缺少座椅、绿化等景观营造，部分乡村只进行了戏台的建设，缺少休闲驻足的空间，功能单一。而在立交桥下的体育活动广场大部分时间被闲置，虽然有娱乐健身设施，但由于距离居民点较远而没有被很好的利用。特别是部分乡村社区依山而建，受地形的限制，原本狭小的乡村公共活动空间更不能满足人们的活动需求。

2. 建议

经过此次实地调研，并结合收集的资料，我们了解了目前乡村社区景观建设具有一定的规划性，有科学的指导，并形成了景观系统。总结调研情况，针对乡村社区景观营造的问题，提出以下几个建议：

（1）协调统一，重视整体布局规划

乡村社区景观不是单纯的社区空间的延伸，也不仅仅是对某一地块、某一建（构）筑物的评价，而是在乡村社区的发展过程中，构成要素之间以及区域环境能否形成协调统一、有机融合的问题。这就要求乡村社区景观形象构成各类要素，在地域空间上的表现方式和数量上达到平衡，主要体现在道路和建筑等人工要素与乡村社区的自然要素要有合适的比例关系。

以房干村为例，根据该村良好的自然资源和存在的问题，从生态、社会、经济三大方面考虑，坚定发展以乡村旅游为主的生态型乡村景观，进行整体布局和规划，合理开发和利用乡村的景观资源，将乡村旅游带来的经济发展与生态保护相结合，将近期规划与远期规划相结合，促进乡村的可持续发展。在改造与建设的过程中要注重与山村现状相结合，立足建设现状，满足美丽乡村建设的景观性、生态性、游憩性等综合要求，对不合理的因素加以改造，并增设必要活动场地、标识设施以及其他公共基础设施等，发挥自身资源优势，充分考虑其经济性和可操作性。应该优化广场空间的设计，避免过于空旷的开敞空间，并结合周边自然环境，挖掘自然要素，通过有效的组织，恢复人工和自然的平衡与和谐，形成一个尺度宜人的整体景观。

（2）以人为本，创造宜人村落空间

人是乡村社区景观的主体，创造尺度宜人的村落空间是优化乡村社区空间景观的本质。乡村社区景观形象的建设要坚持取悦人、方便人、服务人的宗旨，遵循以人的感知为设计依据的指导思想。

乡村社区景观应以人的情感和理性的立场出发，研究人的反应、视点、视角以及人工景观实际尺度的依存关系。在景观营造中，要设置一些供人们休闲、游憩的公共设施，并且注意空间围合的人性尺度，可以通过植物多层次的配置增加景观趣味性和引导性，为人们呈现出多样的景观效果。

传统的乡村聚落是以人为中心，在日常的活动习惯基础上逐步形成的一种亲切宜人的尺度，出行多以步行为主，街巷尺度较宜人。随着房干村经济建设的发展，由于当地政府缺少对乡村景观特征的认识及维护，在一定程度上不了解尺度在乡村空间中的运用，在营建道路及公共建筑时盲目使用城市中的"体量"建设，破坏了乡村原有的尺度关系，造成乡村景观与自然的不和谐关系。因此，在乡村景观营建的过程中，应该研究步行尺度还能在多大程度上运用，以及随着城镇规模的扩大，机动交通的介入，应当建立怎样的空间尺度关系，以建立符合乡村发展需要的尺度宜人的空间。

（3）崇尚个性，体现地域文化特色

乡村社区景观形象也是一个地域性的概念，不同地域由于其自然地理、历史条件及功能结构的不同，其景观形象优化的目标、方法也不同。

如大梨树村在社区建筑方面反其道而行之，采用徽派建筑形式，打造"东北小江南"，在景观形象上也做到了整体统一的效果，这种营造方法也是可取的，但是不能摒弃当地特色，虽然影视城的建设保留了当地特色，但是在整体景观风貌上并没有表现出当地浓郁的特色文化。以房干村为例，由于在经济发展的过程中，多选用现代材料以及缺少对传统风貌的维护使得传统的乡村景观风貌缺失，缺少当地原有的地域文化特色，虽然保留了一处房干村住宅旧址，但从整体风貌方面来看是不够的。在今后的住宅更新营造中可以选用当地原有的石材进行营造，将一些平屋顶换为坡屋顶，对建筑高度进行控制，新建筑要吸收传统建筑文化的精髓，从平面布局、立面处理、建筑装饰、建筑色彩等方面来继承和发扬传统的建筑文化。

因此，在现有的景观基础上，乡村社区应注重景观细节的营造，从植物种类、景观小品的配置等方面展现当地的特色文化。

第八章

乡村社区
环境现状
综合分析

第一节

乡村社区环境建设成就

（1）乡村社区人文环境面貌显著改观，"宜居乡村"开始深入人心。

农民生活富裕之后，开始改善居住条件，于是农民逐步有了一些关于"新农村"的了解。"新农村"是宜居的乡村，是农民自己的家园。各级政府已经意识到要建设好"新农村"，就要以农民为本，研究农民的现实需要，充分尊重农民的意愿，着眼农村的发展远景，多为农民今后的生产、生活着想，立足当地的具体条件，在积极、科学的引导下，"大主意"让农民自己拿。

在"新农村"建设下的乡村社区人文环境得到显著改观，基础设施、社会公共服务设施建设力度加大。国家加大农村水、路、气、电建设的投入力度，加快农村教育、医疗和文化等基本公共服务设施建设，农村的生产生活条件得到明显改善。

各级政府将把农村环境综合整治作为统筹城乡环保、改善农村生态环境、提高人民群众生活质量的重要举措，因地制宜，深入推进农村饮用水水源地保护、农村工业污染专项执法、农作物秸秆综合利用等基础性工作，农村环境整治效果明显。农村环境整治得以深入推进，切实改善了乡村人居环境。

"新农村"建设不仅真真切切使农村实现庭院美化、厨房亮化、圈厕净化、道路硬化、生活污水无害化，而且乡村自身的历史资源得到更多的重视与保护，"宜居乡村"开始深入人心。

（2）着力建设"绿色乡村"，经济与生态环境协调发展。

各级政府把农村村庄绿化作为"新农村"建设的重要内容，根据绿化美化人居环境的要求，及时调整工作思路，重视打造"绿色乡村"，大力开展乡村绿化美化工作。同时重视环境保护知识的宣传，丰富宣传手段和方式，很多乡村以农民朋友喜闻乐见的方式在工作和生活中开展环境保护知识宣讲，使人民群众了解破坏环境的各种后果以及在维护合法权益中利用法律武器，也懂得了环境保护和农村经济发展的关系，提高了村民的环境保护的自觉性。

在"休养生息"战略思想和标本兼治多项措施的共同推动下，农村工业污染治理及重点流域治理取得阶段性成效。各级政府建立和完善农村环保工作体系和机制，为宜居乡村实现生态环境良性循环提供了有力的支持。另外对于工业污染治理及重点流域治理的环境执法力度加大，使小乡镇环境保护工作得到加强。

良好的生态环境是农村经济发展的基础，各级政府已经充分认识到自然生态环境不能被破坏、不能挪作他用，开始通过法律法规，推进绿色生产、保护农田、保护野生动物、关闭土法工厂和采矿厂等，并且开始对当地的历史古迹、古镇、古建筑进行复古修缮，对当地传统习俗、特色有意识地加以保护，有效保护了富有价值的乡村生态资源。

发展生态农业已经成为部分乡村发展目标，并且已初具规模。发展生态农业是实现农业可持续发展的有效途径，生态农业能够合理地利用自然资源，使农民增产增收，又可以保护农村环境，防止农村环境污染。

（3）重视乡村景观规划，打造乡村之美。

"新农村"建设是一个漫长的过程，乡村景观规划有利于"新农村"建设，乡村景观的面貌格局的规划建设是重中之重。全国大部分乡村制定了建设规划方案，坚持因地制宜的原则，重视村庄公共空间和服务设施的建设，部分村庄采取集中与分散相结合的办法设置车辆停放区域；统一规划垃圾存放点，集中建设和管理家禽家畜养殖点，科学规划公共绿地、道路及庭院绿化，以乡土树种为主，合理搭配种群，增加景观季节变化、丰富景观层次；设置园林景观小品和健身活动空间，满足村民休闲、娱乐、运动等各种需求。对农田、果园、林地、水系等乡村农业景观和自然景观进行合理规划和保护，丰富农业景观的形态与结构多样性，重视保持乡村特有的田园风光和天然韵味。

乡村建设与管理时也逐步把保护地方文化放在重要位置，把乡村特色元素融入规划建设之中，对于乡村景观的风格、历史建筑的维护、景观功能的定位都有了严格的要求，力求乡村特色得到传承和延续，又能体现现代农村的生活方式。

在乡村景观规划中，各级政府发挥主导作用，广泛征求民众意见和建议，依据法律法规来调整和约束相关景观内部各利益体的关系，村镇管理者加大了新农村建设的管理力度，加强了对村民的宣传和指导。

（4）积极探索新模式新方法，破解垃圾处理难题。

垃圾的处理一直是农村环境建设的"硬骨头"。各地政府也开始完善立法，强化监督；推行垃圾归类收集、提高循环利用率；增强村民环保意识、倡导绿色消费；筹措专项资金，建立环卫队伍；引入市场机制，组建服务公司。现阶段已经有许多地区在治理农村垃圾问题上有了一些比较好的方法，比如江西省的"3+5"模式，"3"是指3个主体：农户（分类主体）、保洁员（回收处理主体）、理事会（管理主体）；"5"是指5种垃圾的5种处理方法：沤肥垃圾（湿垃圾）入沼气池（沤肥窖）作投料（沤肥）处理、干垃圾回收利用处理、有毒有害垃圾封存或入高科技焚烧炉焚烧处理、建筑垃圾填坑铺路处理、其他垃圾入土灶做燃料处理。针对城乡的"村收集、镇（乡）中转、县（市、区）处理"模式，包括村民和政府部门结合的分工合作，此模式在浙江省也取得了显著的成绩。

第二节

乡村社区环境建设村民意愿

在调研中发现，关于乡村社区建设村民的意愿主要集中在改善生产生活条件，增加收入。

人居环境方面：村民们意愿主要集中在：①希望实现"三通"，有更加舒适的居住环境；②希望加大农村教育投入，完善学校基础设施。

社会发展方面：村民意愿主要集中在希望农民养老保险制度、农村合作医疗制度更加完善，村民养老看病无后顾之忧，

环境整治方面：村民希望乡村的环境更加干净整洁宜居，生活同城市一样方便。

第三节
解决建议与方法

（1）开展多层次的城乡规划编制，避免宜居乡村建设盲目照搬城市建设经验。宜居乡村建设要根据自身发展的客观实际，切忌盲目照抄城市建设的形象工程，把宜居乡村建设转变为形象工程建设、新房建设，要强化城市对农村人居环境建设的辐射和带动作用。

（2）在宜居乡村建设的目标定位上，要坚定不移地把发展农村经济、增加农民收入列为中心任务，尤其夯实农业基础，向实现现代高效农业规模化的目标推进。要进一步引导城市工商企业进入农业，在城乡统筹的视野下使之带来以工哺农、以城带乡的积极效应。

（3）在农村居住区的建设上，要更加尊重农民意愿，因地制宜、合理有序地推进既改善居住条件又适应农民生产、生活习惯的宜居新村建设。不同地区经济发展水平不一，不同村民收入水平、支付能力也有差异，这就决定了农民有各自的生产生活习惯和居住意愿，就要求各地政府和广大基层干部必须进一步深化认识，创新观念，本着承认区域差别、尊重农民意愿的原则，更加注意和讲究"新农村"建设的实效，及时纠正脱离实际的偏向。

（4）加快社会事业包括公共服务事业的发展，是宜居乡村建设中的一项极为重要的任务。在这个过程中，要坚决纠正忽视社会事业和公共服务，或者重眼前政绩、轻长期效益的偏向，使社会建设、公共服务避免流于形式，取得实实在在的效果。

（5）农业生产中，一要科学合理的使用化肥，改善化肥的施肥结构和施用方法。二要采用病虫草害综合防治技术，减少化肥农药使用。三要回收废旧地膜，减少地膜残留以减轻废旧地膜对农村生态环境的污染。四要加强农作物秸秆和畜禽粪便的综合利用。五要大力发展生态农业。

（6）治理乡镇企业"三废"污染。一是制定乡镇环境规划，合理调整乡镇企业发展方向与产业结构，依法淘汰落后生产工艺、设备和产品。二是推行ISO14000体系认证，把环境管理、资源合理利用、生态环境保护等方面的工作纳入规范化管理系统，有效减少污染、节约资源和能源，合理利用原材料和回收废旧物资，减少或完全避免污染物超标排放。

（7）严格污染企业的准入制度，保护农村地区脆弱的自然环境。在接受产业转移时，地方政府要严格污染型企业的准入制度；严把废水废气和固体废弃物的排放标准，未达标

的污物不准排入自然界；建立监督监察制度，督促村民树立良好的环境保护意识。

（8）治理生活污染，建设污水处理厂，综合处理村镇生活污水和乡镇企业工业废水，加快农村生活垃圾的收集处理，采用堆肥、填埋、废物再利用等手段综合分类处理生活垃圾；发展适合小城镇和农村聚集点的能源生态工程、农村给排水工程，减少和防止村镇面源污染，逐步引导小城镇和农村建立清洁的、可持续的生活消费方式。

（9）鼓励农民美化村庄环境，自己动手建设美好家园。不但可以节省政府投资，转化更多的资本进入生产基础设施中，还可以充分利用人力物力达到建设美好家园的目的。

（10）健全农民保障制度，建设乡风文明的村庄。实现农民不出村就能享受优质的公共文化服务，并为农民定期开展培训班，提高农民的致富能力和文化素质，从而形成良好的乡风、村风。

附录1   欧洲乡村社区建设实态考察报告

2014年8月，中国建设科技集团股份有限公司组织考察团赴德国、法国、丹麦、瑞典进行为期10天的考察，以便更好学习和借鉴发达国家乡村社区建设、管理经验。此次考察的主题包括乡村社区环境建设及更新规划；乡村社区近期发展与未来走向；农业及农民权利保障等内容。考察的目的是借鉴发达国家的成功经验，并结合中国国情"本土化"，为我国顺利推进乡村社区的发展提出相应对策及建议。本篇报告将重点介绍德国、法国的乡村社区建设经验，为推进我国城乡一体化建设提供参考。

一、德国的乡村社区建设经验

德国城乡人口比例差距很大，乡村地区人口占全国总人口比例低于2%，且呈持续下降的趋势，农业生产对于国民经济的贡献份额也在不断降低，但乡村地区在环境、文化建设及社会福利方面却在不断改善，基础设施完善、环境优美、生活安逸，极具吸引力。对于德国人来说，选择在城市还是在农村居住，更多地取决于自己的生活习惯[1]。多年来，在欧盟的共同农业政策框架指导下，德国在实践中逐渐形成了一系列极具特色且富有成效的乡村地区建设发展模式。

1. 刚柔并济的乡村规划法规体系

德国是当之无愧的"法治国家"，其城乡规划起源于公共部门对于城建事务中执法管理的关注，特色在于围绕土地利用问题以法典化的形式建立一套尽量详细的法律框架系统，针对各项相关的城乡建设与开发活动，从内容到形式都做出明确规定。

德国第一部切实针对村庄更新的法律是1954年颁布的《联邦土地整理法》；1965年德政府又针对城乡规划在农村发展和改善农村基本生活条件方面的作用对城乡规划的基础《建筑法典》进行了修订，从此有关村庄更新的条款成为《建筑法典》的主要内容。此外，《联邦国土规划法》、《州国土规划法》和《州发展规划》通过区域规划对村庄更新起控制作用，村庄发展规划和村庄更新规划的制定不得与上述法律相悖。其他相关法律如联邦自然保护法、景观保护法、林业法、土地保护法、大气保护法、水保护法、垃圾处理法、遗产法、文物保护法等也是制定村庄更新规划必须遵守的法律和法规[2]。在刚性的法定规划基础上辅以非法定的柔性规划手段和措施，共同保证了德国乡村的成功转型[3]。

2. 持续不断的乡村更新规划

德国政府在20世纪70年代系统地提出"城市与乡村地区的城市设计性更新"，开启了针对乡村地区建筑和基础设施更新的广泛讨论；到1975年，欧洲兴起了文化遗产保护运动，乡村建设开始重视保护问题，1977～1980年进一步提出了"未来投资计划"，提出了针对德国全国范围的"农业结构和海岸地区保护议程"，保护和塑造乡村地区的特色形象成为工作重点；1984年开始，乡村更新被确定作为"农业结构和海岸地区保护议程"中的独立内容。乡村规划因此逐渐从单纯重视乡村地区历史方面的内容，进一步发展到从整体上思考村落与整个乡村地区的发展，并且开始积极推动乡村居民的参与；自20世纪90年代起至今德国为了与欧盟的相关农业政策和区域整体发展政策结合起来，乡村更新规划都是从区域整体发展角度出发，构建乡村地区在区域内部的新角色和新意义（附图1-1）。

历史阶段	（一）更新开始	（二）保护塑造	（三）整体发展	（四）区域发展
工作重点	大拆大建	保护塑造乡村特色形象	村落与乡村地区发展相结合	结合欧盟政策重构乡村定义与角色
年代	1945年	1970年代中期	1980年代初期	1990年代　　　　　　至今

附图1-1 德国乡村规划历史阶段划分示意图

3．自下而上的更新过程

德国乡村更新是一个"自下而上"的过程，任何一项村镇建设项目，从项目立项到最终的建设管理，在这一过程中，占主导地位的始终是公众。村庄建设更新的每一步决策都必须由政府决策、规划部门和村民三方利益主体组成，三方通过充分沟通协商和妥协最终制定出一个乡村发展规划。《建筑法典》保障了公民在规划制定过程中的权利和地位，并通过平等参与和协商的过程，缩短社区政府、专业机构、专业协会和村民的距离，加强沟通与交流，调动村民参与村庄更新的积极性。为了让村民更加主动地参与村庄更新建设，社区政府通过讲座、集会、媒体以及网络等平台，将有关信息及时传递给村民，广泛征询村民有关村庄更新的意见和建议[2]。

4．传统与现代的融合创新

德国是一个历史悠久的国家，拥有丰厚的历史文化遗存。为有效地保护各种文化遗产，正确处理好建设中新与旧的关系，德国政府规定：具有200年历史以上的建筑均须列入保护之列，并拨出专款用于支持古建筑、街道的维修、保护工作。同时，德国对于历史文化遗产并不主张简单的复制，而是运用现代技术为其重塑灵魂，这样既可以满足现代功能，又创造性地保护了历史遗产。在乡村更新建设的实施过程中，对于历史文化和老街小巷的保护、修复的重视，以及对于历史场景的维护与重现，也是基于这样的建设和保护态度，才形成今日德国乡村别样的景致：南德的村庄和北德不一样，西德和东德也不雷同，不仅美观，而且有各地独特的历史文化氛围。

5．多样化的产业结构模式

除了政府和联邦、州的支持和反哺政策之外，德国乡村地区可持续发展的根本动力还在于自身的产业优化升级。德国城镇化的基本倾向是分散化，即在城市人口规模和用地规模日益扩大的基本倾向下，城镇本身的建设用地规模并没有变得越来越大，而是传统农业型村庄转变成为二三产业工商城镇的越来越多，这样就为第一、第二、第三产业协同带动城乡经济增长创造了可能，由此形成了一种推动城乡发展积极有效的产业结构模式——"农村工商化模式"[4]。

二、法国的乡村社区建设经验

与英国、德国等其他欧洲强国相比，法国的城市化进程相对缓慢，直到 20 世纪中期，全国的城市人口数量才超过乡村人口。其乡村建设的长足进步始于二战之后，至20世纪70年代末，法国只用了二十多年时间就高速实现了农业现代化，一跃成为全世界农业最发达的国家之一。目前，法国农业土地面积占整个国土面积的55%，并且法国乡村开发与城市开发同样重要，被纳入统一的国土开发政策和空间规划体系，这种城乡统筹的乡村开发建设政策框架、实施机制和规划管理，对于当前我国社会主义新农村建设的实践具有积极的借鉴意义。

1. 政府的推动与扶持

二战后法国农村的发展水平很低，农村空心化严重，农村人口老化、密度稀疏的问题越来越明显。为消除地区发展不平等，解决法国农业问题，法国政府开始实施"领土整治"政策。其基本方针就是通过国家加强对经济状况最不利的落后地区的经济干预，达到装备落后农业地区现代化工业建设的目的，减轻城市工业过度集中的压力，实现生产力比较合理的布局。其主要措施可以归结为：

（1）鼓励发展农村工、商业。法国在农业地区和山区农村有选择地开辟了一些"新工业区"，同时政府设立"地区发展奖金"，以奖励到指定的具体落后地区新建和扩建工厂的企业，还设立了"农村特别救济金"，奖励工业企业和其他行业迁厂到那些人口稀少的农村和人口出生率低的地区建新厂。

（2）恢复发展农村手工业。国家设立了"手工业企业装备奖金"，鼓励在农村和乡镇及新兴城市附近发展手工业企业，鼓励发展适合农村需要的农产品、食品加工业和小型加工工业。

（3）大力发展农业畜牧业。在法国，农民收入50%以上靠畜牧业，提高畜牧业生产现代化水平，是发展农村经济、增加农民收入的关键。因此政府采取奖励办法和技术措施，确保农民能够购买畜牧业现代化机器装备和其他设备[5]。

2. 重视乡村基础设施建设

自"农村改革"伊始，法国便把农村基础设施建设放在首位，因地制宜地采取适当措施，有步骤、有重点、分期分批地进行各项工程的兴建。

（1）兴建农田水利基础设施。自1952年开始法国政府成立了各种合法化公私合营公司，由其承担各地区整治工程和农田水利的兴建，由政府统一管理。农田水利工程的大部分投资由中央政府提供，一般占到投资总额的60%～75%。1955年修改法令，允许地方政府的农业、工业部门参加投资与管理。国家资金所占比重逐渐下降，银行和专业金融机构投入了大量资金，这对农田基本建设起了推动作用，这一举措促进了1951～1961年间法国农田基本建设的较快发展。

（2）发展农村交通运输和电信事业。在1955～1965年间，法国大规模修建了各种公路网，加速实现铁路现代化、电气化、内燃化，此外还大力发展海运、航运事业、并使农村的公路、铁路、航运同发达的工业区相沟通，这使农村交通大为方便。在第四个"经济计划"时期内，着重发展农村电信事业，使电信线路增加40%，农村小型水力发电站有了较大发展，农村电气化和自来水供应扩大到边远乡村和山区农村。

3. 完善农村教育、科研与农业科技推广体系

二战后为了提高农民教育素质、提升农业科技实力，提供相匹配的农业科研推广体系，法国出台了一系列政策措施：

（1）建立以高等、中等教育和农业业余教育为主要内容的农业教育体系。从1967年开始，法国政府设立了农业技术教育奖学金制度，要求农民子弟必须经过"绿色证书"毕业考试，系统地接受现代化农业职业教育。

（2）建立完整的农业科研体系和健全的推广体系。在农业研究方面，形成以法国国家农业研究院（INRA）为主体的农业科研创新体系；在农业技术推广方面，积极探索教育、科研，推广三位一体的农业科研新机制，并在各地形成农业科研成果的推广网络，包括农业学校、农会、农业合作社、农业资源与发展服务中心和专业技术研究所等。

（3）政府鼓励地方和私人在农业地区创办农业科学研究机构。

4. 发展与环境保护并重

法国的浪漫与优雅即使在乡村住宅中也毫不隐讳，其乡村风光旖旎，形成了独特的"法国乡村风格"，将田园生活、"诗意栖居"诠释得淋漓尽致，环境的可持续保护与更新是推动乡村复苏的重要手段之一。总结法国乡村建设的经验主要有以下几点：

（1）公众参与建设。居民参与规划设计已经成为法国乡村地区规划的基本模式，为了解决众多复杂的问题，法国社会各个阶层、各个领域从各方面入手试图找到问题的答案，主要有公众的参与，政府对法律工具的保证、教育和研究。

（2）严格执法，依照法律治理环境。法国政府坚持"以法治景"方针是从两个方面进行的，一是抓法规的制定，二是抓法规的执行。并且法国各地方都有一支有权有职的执法队伍，发现有人破坏景观环境，和城市的警察一样，可以行使处罚的职权。

（3）有效保障环境策略实施。为切实保障环境保护及更新策略的实施，法国政府采用了多样性的保护工具方法。1993年颁布了"景观法"之后，有力保障公众环境行为；1994年起，出现了景观环境合同，1995年出现景观环境规划策略，1996～2006年出现了景观环境地图，这些都成为公众调节乡村环境的有力工具。

三、案例引介——德国可持续乡村社区

德国汉诺威Kronsberg生态社区位于汉诺威东南部城乡交界处，规划设计理念为："通过营造舒适、节能的乡村生活，增加居民的生态文化享受"。其成功建设经验集中体现于城乡"可持续"发展中，这种"可持续"理念突出表现在环境可持续、文化可持续和经济可持续等方面。

环境可持续性体现在使用太阳能、生物质能等绿色能源，及新材料和新技术调节室内温度以实现低能耗甚至零能耗，结合社区绿化使用绿屋顶、雨水花园、草沟、人工湿地等进行雨水收集和洪水调蓄（附图1-2～附图1-5），使社区绿地具有生态、休闲、美化环境的多重功能。

文化可持续性包括社区发展过程中对传统文化标识、景观特色、生活方式的集成和融合，通过社区景观与区域标志性文化建筑相呼应，增强社区居民的文化和社会归属感，指导新建住宅布局、结构和外观，使之与城乡社区原有风格融合，通过现代化的内部设计和设施满足居民的生活需求，

通过向社区居民提供公共活动空间、菜地等延续农业文化脉络，满足居民生活方式转换过程中的心理需求。

经济可持续性主要体现为通过产业布局和交通设计为社区居民提供不同距离的就业机会。"可持续社区"充分利用空间和生态智慧，提升了社区生态环境调节能力和环境质量，降低建设用地对环境的影响，增加了社区的生物多样性和生态文化元素。

附图1-2　绿屋顶

附图1-3　雨水渗流井

附图1-4　雨水收集沟

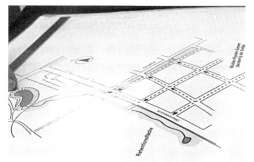
附图1-5　依地势设计的雨水收集系统

四、德国、法国建设经验对中国乡村社区的启示

1. 加大政府推动力度，制定合理规划

在乡村社区的建设过程中，各级政府应充分发挥主导作用，制定促进乡村地区发展的倾斜政策和措施，涵盖村镇建设中的农业、工业、房地产业、人口、产品流通及税收等方面；同时乡村建设必须有科学的规划体系及法律法规体系予以支撑，并应保证规划因地制宜、切实可行，同时以法律法规为准则确保规划实施；政府对于亟待发展地区还应给予资金和技术上的支持。政府基于"城乡统筹"的举措会给我国农村地区建设指出宏观发展方向，唤起各基层政府的积极性，从而形成城乡协调发展的局面。

2. 推广先进农业科学技术

科技是农业发展的原动力，"科技下乡"是确保先进科技应用于农业的有效途径，政府组织技术人员深入农村开办培训班，举办农业科技知识讲座，指导农民发展高附加值的农业，实现农业的高度机械化、自动化。同时，大力发展化肥工业和农业生物技术研究，把生物学、遗传学的新技术运用到农业领域，从而提高农业生产率，解放更多农业劳动力。

3. 重视基础设施和社会服务设施

乡村社区的建设要把创造比城市更优美、舒适的生活居住环境放在首位，为农民营造宜人的人居环境。应加大投资力度，提高基础设施、公共服务设施的配套水平，这既是经济发展和社会进步的一个重要标志，也是推动乡村社区建设高瞻远瞩的实践。以政府为主导，以基础设施和社会服务设施为主要内容的公共产品供给将是中国乡村社区建设的另一个基本思路。

4. 保护历史文脉和生态环境

乡村社区的发展要牢固树立人与自然和谐发展的观念，彻底改变以牺牲环境、破坏资源为代价的粗放型增长方式，加大乡村工业污染防治力度，严格执行建设项目的环境准入制度，认真落实环保法律法规。向广大农民宣传公益意识、环保意识、文化传统保护意识，从而在全社会营造人人关心社区、个个参与建设的氛围，把农村环境保护、生态建设及历史文脉传承工作提高到新的水平。

五、丹麦的乡村社区建设经验

丹麦于20世纪70年代完成了工业化、城镇化进程，人民生活富裕，高福利、高收入、高税收、高消费，是工业、农业都很发达的现代化经济强国，其农业科技水平和生产效率居世界前列，全国耕地面积占国土面积的62%，但仅有2%的人口从事农业生产，生产的农牧业产品足够1500万人食用，因此丹麦2/3的农牧业产品可以出口到世界170多个国家地区，是其外汇主要来源之一。丹麦的乡村环境优美，安徒生童话中描述的恬静城镇、美丽的村庄，都源于丹麦城乡共融的发展格局。

1. 规范、专业的农民合作组织

丹麦是世界上农民合作社最发达的国家，各级农业合作团体已经深深地融入了农业部门中，现有无数的协会网络和结构，通常被称为"丹麦模式"。如附表1-1所示，丹麦的农民组织分三个层次：国家级丹麦农民联合会、小农场主协会、农民组织合作社。

丹麦的农民合作组织　　　　　　　　　　　　　　　　　　　附表1-1

名称	级别	始创年份	分会数目	会员数量
丹麦农民联合会	国家级	1893年	100余个	6.4万
小农场主协会	地方级	1910年	190个	1.7万
农民组织合作社	民间	100多年前	—	全部农民

丹麦没有专门立法约束各级农民合作组织的成立，合作社的成立及运行完全基于农民的自愿，始于农民自己，由通用的判例法、习惯法和各个章程调控其正常运行。各级合作社的基本目标是为

农民创造最佳的经济环境，得到最大利益的回报。合作社通过对生产要素的优化配置和产业组合，实现了大规模的分工、分业生产，把分散的家庭农场的经营活动融入了一条龙的生产经营体系，从而最大限度地发挥整体效应和规模效应。

2."生态村"的建设模式

1991年出于对环境破坏、资源耗竭与生活方式的不可持续性的反省，丹麦成立了生态村组织，其最初的实践强调整体设计、自给自足、社会关注、民主管理和廉价建造。主旨在于社区资源闭合循环利用、可再生能源的利用、适宜性技术的应用和尊重当地社会生活方式。最典型的生态村为建于1982年的迪赛科尔德（Dyssckilde）、建于1986年的安德山木芬德特（Andelsamfundet）及建于1995年蒙克斯戈德（Munksgaard）生态村，这三个建设实例充分说明了丹麦生态村从无到有，从大众质疑到公众普遍接受的实际发展状况。

3. 完备的城乡规划法律法规体系

20世纪70年代以来，丹麦开始进行规划制度改革，并加快了城乡规划立法工作。目前，丹麦正在执行的是1992年开始实施的《规划法》。这部法律的立法目的是："保证所有的规划在土地利用和配置方面综合社会利益并有利于保护自然和环境，实现包括人居条件、野生动物和植物保护等社会各方面的可持续发展"。同时，丹麦政府还设立了一系列的空间规划法案，在空间规划编制的程序方面十分严谨，既保证了各方利益的尽可能一致，也为规划实施提供了良好的基础。

4. 层次清晰的空间规划体系

丹麦空间规划体系强调的重点是：确保国家及各市都能以规划和经济为基础适当考虑发展；创造和保存有价值的建筑物、街区、都市环境和风貌景观；开阔的海岸是在规划中应给予重点关注的自然和风景资源；防止空气、水、土壤和噪声污染；要求公众积极参与规划过程。丹麦空间规划体系由国家规划、区域规划、市规划和局部规划4部分组成，各层面的编制主体明确，规划主要内容从城镇宏观建设到微观布局深入浅出、层次清晰。同时《规划法》将丹麦空间规划的责任明确授予环境部长、12名区域规划权威专家和271个城市理事会。城市理事会负责城市综合规划、局部详细规划以及农村地区建设和土地利用变化的审批；12名区域规划权威专家负责区域规划；环境部长可以通过国家规划动议对分散规划产生影响；政府可以从国家利益出发否决城市理事会和区域规划权威专家的规划方案；规划方案可能上诉到自然保护裁决委员会，但是只有规划方案中的法律问题才能提交上诉[7][8]。

六、瑞典的乡村社区建设经验

瑞典多次被评为世界上最适宜人类居住的国家之一，在工业革命以前却是一个连"吃饭"问题都解决不了的国家，然而在100多年后的今天，瑞典已经从一个贫穷的农业国转变为世界上最发达的工业化国家之一。目前瑞典农业产值只占国内生产总值的2%，农、林、牧、渔的从业者也仅占总就业人数的21%，但由于其农业现代化水平和劳动生产率高，不仅自给有余，还有出口。而且该国还成为世界上生态农业发展水平最高的国家之一，瑞典的乡村也成为一道亮丽的风景。

1．对乡土建筑的保护

18世纪末瑞典开始进入飞速发展阶段，很多农民进城务工，农业和农村也进入了现代化进程。出于对传统农村民俗文化消失的担心，1850年前后瑞典的一批学者开始研究农村传统民俗、乡土建筑等。最初的保护手法是修建民俗博物馆，以展示过去的传统生活方式；到19世纪初瑞典成立了一些民间文化遗产保护协会，开启了乡土建筑保护的历史；到了20世纪二三十年代有很多地方及农村成立了一些民间协会，研究、收藏和保护当地历史和建筑，迄今为止瑞典已成立了1850个民间历史和保护协会。如附图1-6所示为在瑞典乡村随处可见的"达拉木屋"，附图1-7为瑞典传统古屋。

附图1-6　瑞典"达拉木屋"　　　　　　　　　　附图1-7　瑞典古屋

同时，瑞典还通过立法手段保护乡土建筑，并且不分国家、省级、市县级文物保护单位，而是按性质类型和国有、私有进行分类，如是私有建筑可在修复时从政府和文物部门得到保护理念及专业技能等方面的帮助，在特殊情况下还可以得到经济上的资助[10]。

2．节能环保的建设理念

作为维京人的后代，瑞典人敬畏、眷恋大自然，尊重环境，并能用可持续发展的观念约束自己的行为，具有很强的节能环保意识。瑞典政府也非常注重对全民族的环保教育，瑞典公民自小学三年级便开始学习垃圾分类的相关知识。此外，政府还编制了垃圾收集及基础处理宣传册发给居民，使居民便于掌握相关知识，从而在源头上减少垃圾的产生。人们不仅能较为自觉地履行相关法律、法规的权利和义务，更会主动向议会和政府提出加强自然资源管理的需要，推动各种相关制度的建设。因此，瑞典才会存在全球独一无二的古老法规——"自由通行权"，即在大自然中，每个人都可以自由通行，即便是属于私人的草地或森林，也不例外。

3．完备的乡村社会保障制度

瑞典的农村社会保障制度覆盖面极广，包括教育和就业以及住房、养老等多个方面。长期以来，瑞典政府始终致力于对各种福利政策的制定和贯彻，并予以较大的投入，每年用于社会保障方面的支出占整个国民收入的40%左右。并且，各种社会保障强制要求所有公民必须参加各种社会保险。通过强制执行，最大限度地保证公众的受保障程度。政府在制定各种农村社会保障制度时，采取了普遍性与特殊性高度结合的方式，即各种社会保障制度惠及所有民众，如在养老保障方面，养老金人人有份，数额也相同。但是，为了更好地提高保障水平，政府还为部分群体提供附加养老金，即按照具体对象的收入、纳税情况、工作技能、劳动性质等来提供养老保障，具有较强的个体差异性。这样一来，既实现了社会保障的最大化，也兼顾了特殊群体的实际情况，实现了普遍性与特殊性的有机结合。

4. 垃圾处理形成现代化产业链

瑞典是全世界生活垃圾处理最成功的国家之一，垃圾分类收集系统中的垃圾产生、转运、处理的各个环节都设有配套的基础设施，并且没有明显的城乡差别，乡村社区的固废管理是全国固废管理的组成部分，如每个社区都设有"交流废物间"，可以把自家不用的物品放在里面，很大程度上促进了"物尽其用"（附图1-8），并将乡村固废的收集、转运和资源化利用纳入所在市政及废物管理企业的管理系统（附图1-9）。同时还设置了垃圾处理法律法规及体制机制，建立了完备的垃圾处理制度，实施公司化运行，实现垃圾处理的产业化模式。

附图1-8　瑞典生活垃圾分类收集

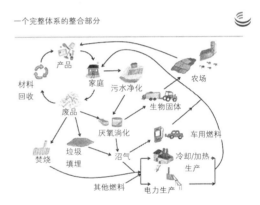

附图1-9　瑞典生活垃圾管理体系

七、案例引介——丹麦典型乡村社区建设

1. 丹麦Trekroner新乡村社区

丹麦Trekroner新乡村社区以Roskilde University（罗斯基勒大学）新校区为发展核心，包括了本地原住居民的重新置和大学师生、其他居民居住空间的规划设计，其主要特色是在从乡村向城市转型和旧农庄改造的过程中延续农业文化脉络、突出共居理念（cohabitation）和公共空间设计，这对于我国众多大学城和卫星城规划都有很好的借鉴意义（附图1-10至附图1-17）。

2. 丹麦古村落莱尔（Lejre）

丹麦古村落莱尔（Lejre）传说是铁器时代莱尔王国的首都，该王国可能是中世纪丹麦的祖先。这里发现了古代维京人的大型船屋、墓地及中世纪学堂等，因此成为丹麦重要的历史文化保护地。这里有莱尔博物馆、莱尔皇家花园等古迹博物馆，也有当地民居，现代居民住宅、农场与保留的古迹浑然一体，突出了历史与现代的完美融合（附图1-18～附图1-23）。

附图1-10　社区整体布局

附图1-11　旧农庄改造后的住宅布局

附图1-12　居民公共活动场所

附图1-13　公共自行车停车场

附图1-14　居民公共活动厅

附图1-15　公共晾衣间

附图1-16　居民自有菜地

附图1-17　保留的小片牧场，楼房为大学教学楼

附图1-18　莱尔古村落整体布局

附图1-19　莱尔博物馆及周边建筑

附图1-20　博物馆门前的牧场和马群

附图1-21　莱尔博物馆

附图1-22　莱尔皇家花园

附图1-23　现代民居

八、北欧建设经验对中国乡村社区建设的启示

1. 实施城乡统筹的社会保障制度

世界上任何一个国家的政府都始终把公平正义作为保障民生的首要前提和基本价值目标，致力于改善民生的中国政府也是如此，但据 2011年相关调查数据显示，约有 23.3%的居民认为过去一年内因贫富差别而受到了不公平对待[11]。推动城乡一体化建设进程，实施以权利公平、机会公平、规则公平为主要内容的社会保障体系，是营造公平的社会环境、保证城乡居民平等参与、平等发展权利的最为有效、直接的举措。只有保证广大农民平等参与现代化进程的权利，共同分享现代化成果，才能真正促进社会公正，缩小城乡差距。

2. 建立和完善农民教育机制

中国农业科教面临着起步较晚、运行体制不畅、农业研究经费投资少、有效使用率低等诸多难题，这是制约我国乡村社会经济发展的一个重要方面。反观北欧农村农业科教的有益经验，结合我国国情，乡村社区应加大农业、农民教育重要性的宣传力度，形成良好的社会舆论引导，培育典型；发挥社区的服务和领导能力，开展多种形式的科教宣传活动，激发农民热情；同时，用法律手段保障农民参加农教培训的权利和义务，建立农业专门法律，以便责任到人，责任到事；建立以市场为导向的农业职业教育和培训制度，实现培训与就业有效对接。调整职业技能培训内容，开展有针对性的农业培训，树立农民的自豪感和自信心；更要保证以政府为主导的多元化投入，以此保障农民教育持续运行。农业教育与农业、农村的发展息息相关，在农村建设过程中充分尊重农民的主体地位，建立健全农业教育机制势在必行。

3. 尊重、保护乡村非物质文化遗存和传统建筑环境

"新农村城市化"已逐渐淡化了人们对乡村特色的理念，这种城市形态的绝对量化已成为新农村建设中的标准模式，造成的结果即为我们今天所看到的乡村传统特色消失殆尽。但"美丽乡村"应是有别于城市景观的，尊重自然、顺应自然、保护自然，用生态文明的理念统筹城乡发展。在保护、改造、新建乡村社区的过程中，应重视不同地域的街道、地块和住宅、村落层级结构以及基础

设施中所包含的非物质文化内涵，以此指导乡村社区的空间发展及空间布局。在规划设计时，充分尊重当地风土人情，保证规划模式适应地区的"时间发展"，让地方特色在乡村社区的营建过程中得以存活并发扬光大，以期达到乡村社区无论从空间维度还是时间维度上都能够有序、合理发展。在建设手法上采用现代先进的建筑技术，营造传统建筑环境，以找回失落的乡村社区文明和文化，促进乡村社区社会经济与环境的良性可持续发展，促进乡村活力再生及辉煌再续[12]。

4. 推广乡村能源技术体系

乡村能源技术对乡村社区的可持续发展意义重大，从技术方面看，农村能源技术日趋复杂，高科技含量不断增加；从功能上看，农村能源技术正由传统的"能源服务型"向"生产服务型"、"生活质量服务型"和"环境服务型"转变。从我国农村能源利用现状来看，农民对能源技术的采用很大程度上取决于他们对技术属性的了解，大多数乡村能源技术属于科技含量高的新技术，农民通常不知道哪里有新技术，从哪里可以获得相关信息，又能够得到政府什么形式的技术与财务援助[13]，由此可见知识和信息的推广普及对能源技术的采用尤为重要。农村能源技术推广应该建立"市场推动"与"计划推动"双效结合的模式，即从农村经济发展对能源技术的实际需求出发，加之政府的有计划推广，如给予补贴、优惠税收、建立示范项目、技术培训等，真正实现农村生态环境与经济社会的可持续发展。

参考文献

[1] http: //finance.huanqiu.com/data/2013-11/4525768.html

[2] 常江，朱冬冬，冯姗姗. 德国村庄更新及其对我国新农村建设的借鉴意义 [J]. 建筑学报，2006（11）.

[3] 孟广文，Hans Gebhardt. 二战以来联邦德国乡村地区的发展与演变 [J]. 地理学报，2011（12）.

[4] 叶齐茂.可持续发展的德国城镇化 [J]. 城乡建设，2010.

[5] 周建华，贺正楚. 法国农村改革对我国新农村建设的启示 [J]. 求索，2007（3）.

[6] 姜丽. 法国乡村景观环境建设对中国的启示 [J]. 中国农学通报，2009.

[7] 王睿. 丹麦的城乡规划立法 [J]. 城乡建设，2008.

[8] 徐曙光. 丹麦的国土空间规划及启示 [J]. 国土资源情报，2010.

[9] 史雯. 瑞典乡土建筑保护 [A];浙江省建设厅. 新农村建设中乡土建筑保护暨永嘉楠溪江古村落保护利用学术研讨会论文 [C].

[10] 王博慧. 北欧国家的福利制度对中国民生建设的启示 [J]. 辽宁工业大学学报（社会科学版），2014（12）.

[11] 徐娅. 陕西省关中地区新农村建设、非物质文化遗存及乡村传统建筑环境相结合的建设模式研究 [D]. 硕士学位论文. 西安建筑科技大学，2010.

[12] 张希良，顾树华. 制度创新与中国农村能源技术推广 [J]. 中国人口资源与环境，2001（11）.

[13] 时玉阁. 国外农村发展经验比较研究 [D]. 硕士学位论文. 郑州大学，2007.

附录2　西藏乡村社区环境建设实态调研报告

　　因课题研究需要，课题组与中国房地产研究会人居环境委员会合作，于2014年10月6~14日对西藏部分地区进行了实地调研。调查地点为拉萨市、林芝市周边乡村的10个乡村。调查目的是为了全面掌握我国少数民族地区乡村社区环境建设现状，准确把握乡村社区干部、居民对乡村社区人居环境建设的真实需求，为广大少数民族地区乡村社区人居环境建设，提供科学的参考数据，为提升广大少数民族地区乡村社区人居环境品质，提供技术支撑。

　　乡村社区是人居环境建设重要的一环。与城市社区相比较，乡村人居环境的建设具有截然不同的特点和要求，尤其是在少数民族地区，乡村社区往往拥有更为优越的自然生态环境和丰富多彩的民族文化积淀。如何坚持农民主体地位，尊重农民意愿，突出农村特色，弘扬传统文化，有序推进农村人居环境综合整治，加快美丽乡村建设，既是当前我国人居环境建设的重点，也是此次调研的重要目标。

　　调研组深入赤康村、次角林村、吞达村、昂嘎村、顶嘎村、邦村等多个乡村社区，广泛征求村委会和广大村民的意见和意愿，重点了解和调研了当前少数民族地区宜居乡村建设中的一些瓶颈性问题。

一、拉萨市墨竹工卡县甲玛乡赤康村

1. 赤康村概况

　　赤康村位于西藏自治区拉萨市墨竹工卡县甲玛乡，距拉萨市72公里，墨竹工卡县城以西18公里处，距318国道仅3公里，有乡村公路与318国道相连，交通条件极为便利。该村以农为主，兼有一点牧业的半农半牧村，主要生产青稞、小麦、豌豆、油菜、蔬菜等，该村历史上曾是有名的"粮仓"。赤康村位于美丽的甲玛沟谷地，四面环山，风景秀丽，村周四边粮田阡陌，木石结构古朴的民居建筑与大自然浑然一体，空间层次丰富，形成独特的藏族田园风光。

　　甲玛乡赤康村历史悠久，是松赞干布和阿沛阿旺晋美的诞生之地。霍尔康庄园是西藏目前保存较好的几座著名庄园之一，还保留着庄园特有建筑形式，部分遗存的围墙、林卡、白塔、寺庙等一应俱全。除了历史建筑，当地特有的歌舞形式——甲玛谐钦也是著名的历史文化遗产。这种歌舞形式相传始于松赞干布时期，已有上千年的历史，如附图2-1、附图2-2所示。

2. 赤康村乡村社区环境建设现状

　　近年来，该村抓住被西藏自治区列入新农村建设试点村的机遇，积极开展基础设施和安居工程建设，使该村的村容风貌焕然一新。

　　在社区环境建设方面，基本实现了村庄绿化、住房净化、环境美化、垃圾集中处理化等目标，极大地改善了村内社区人居环境。

在基础设施建设方面，一是利用区域旅游资源的优势，对进村道路进行了硬化铺砌，同时实施自来水到户建设工程，全村家家户户基本接通了自来水。

在社会公共服务设施建设方面，建成了村卫生室，基本可以满足一般医疗的需要。同时利用条件较好的村委会兼作社区活动中心，满足村民的各种交流活动，如附图2-3所示。

在住宅建设方面，国家提供了改建资金半数以上的扶持，所有村民都已住进了新改建好的藏式民居，确保每个村民都能享受到新农村建设的成果。

附图2-1　赤康村社区景观及民居景观

附图2-2　赤康村村长边久家宅院及其宅内佛堂

附图2-3　赤康村村委会会议室兼村民活动中心及农家书屋

3. 改进建议

（1）虽然赤康村在乡村社区环境建设上，取得了一定的成绩，但是由于社区环境管理方面，缺乏科学的管理机制与可持续的管理手段，社区环境管理不到位，禽畜粪便多处可见，垃圾箱内的垃圾未能及时清理，显得较为脏乱。

（2）村民宅院内部，有些凌乱，厕所基本设在室外一隅，尚未达到清洁卫生间的标准。

（3）赤康村旅游资源丰富，但是缺乏与之相适应的旅游服务设施，需要增加餐饮、民宿及休闲娱乐设施等，以满足游客的需求。

（4）霍尔康庄园是西藏目前保存状态较好的几座著名庄园之一，围墙、白塔、寺院、民居、小广场以及戏台基本保留着庄园的原有格局与传统建筑形式，是极为珍稀的宝贵资源。但是由于部分传统建筑已被破坏，因此建议，在充分研究原有庄园格局、空间功能及建筑特色的基础上，应尽量恢复庄园原有空间布局和建筑形式，结合当地特有的歌舞形式——甲玛谐钦的演出，营造一个能让游客能住能玩并体验到原汁原味藏族庄园民俗文化特色的场所。

附图2-4　赤康村周边自然景观与历史博物馆

二、拉萨市次角林村

1. 次角林村概况

次角林村位于拉萨河南岸的拉萨市城关区蔡公堂乡，与拉萨市区和布达拉宫隔拉萨河相望，是拉萨市的南窗口，距拉萨市中心约6公里。次角林村是文成公主进藏后随行人员的聚居地，村内建有一座文成公主世纪剧院，从4月15日至10月底，每天上演大型实景剧《文成公主》，尽管门票价格不菲，但是仍有很多游客观看欣赏。所有的群众演员都由村民担任，是村民的主要收入来源。次角林曾是一个以农牧业为主的村庄，随着西藏文化旅游创意园区建设项目的实施，次角林村已纳入旅游创意园区，是传播西藏文化特色的主要园区之一。

附图2-5　次角林村周边自然景观、林卡及寺院

2. 次角林村乡村社区环境建设现状

在乡村社区环境建设方面，主要亮点为村民住宅和庭院的美化。在我们考察的住宅内部各功能空间干净整洁，如客厅、厨房及佛堂等。室内各种家具、电器齐全，与普通城市住宅相比，毫不逊色。庭院内种满了各种花卉，还有葡萄架、果树等，令人感到该主人过着非常有尊严、有品位富庶的生活。据村长介绍，这样的宅院还有很多，如附图2-6所示。村庄非常的美丽，但整体规划欠佳，环境卫生还需加强。

虽然每个宅院非常整洁漂亮，但是整个社区缺乏整体规划，村庄主干道及连接各宅院间的道路十分不畅，环境建设与管理相对落后。院墙装饰与其他村落相比，既没有特色，也显得杂乱无章。

3. 次角林村改进建议

（1）以西藏文化旅游创意园区建设项目为契机，制定乡村社区环境建设规划，提高社区公共场所、社会公共服务设施以及道路交通等各种基础设施的建设水平。

（2）对村庄主干道进行美化硬化，确保道路畅通、整洁。

（3）加强社区公共场所景观营造，突出藏民族景观特色，实现户美、路美、村美。

（4）利用民居院落景观资源较好的基础，积极建设民宿设施，大力开展旅游，增加经济收入。

附图2-6　次角林村村民宅院及室内客厅、卧室、佛堂餐厅等各功能空间

三、尼木县吞巴乡吞达村

1. 吞达村概况

尼木县吞巴乡吞达村地处西藏中南部，位于雅鲁藏布江中游北岸，村域面积约20平方公里，紧邻318国道，距拉萨市138公里（约2个小时车程），距尼木县城塔荣镇14公里，如附图2-7所示。吞达村是以农为主、农牧结合的村，该村小气候条件适宜，水源丰沛，田土肥沃，主要生产青稞、小麦、豌豆、油菜、蔬菜

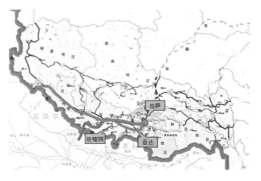

附图2-7

等。由于该村藏香副业生产比较发达，所以该村年人均纯收入高于全区的平均水平。拉日铁路（青藏铁路延长线——客货两用支线，设计时速120公里，2014年通车）从吞达村南部通过，尼木县唯

一的车站设在吞达村境内，三级车站。吞达村有5个村民小组，共177户，人口1026人，除了5组鲁热组15户121人居住在不通路的山顶，大部分村民居住在吞巴河的河谷地带。全村现有耕地面积1539亩，人均耕地1.5亩。2010年全村人均纯收入4995.3元，其中现金收入3006元。以藏鸡养殖为主的养殖业发展很快，全村58户群众发展了具有一定规模的藏鸡养殖业。

传统手工制香工艺被评为国家级非物质文化遗产，吞达村还完整保留藏香水磨近百座（附图2-8），沿河流曲线自然分布，构成一道亮丽的人文、自然景观，成为极具魅力的旅游场景，是拉萨七大优先发展旅游区之一。

2. 吞达村乡村社区环境建设现状

吞达村地理位置独特，自然景观、人文景观资源丰富。由于位于美丽的吞达沟谷底部，谷底溪流成网，绿树成荫，良田依溪流分布，村舍散落林间，形成宛如江南一样的田园风光，是一个天然的宜居之所。近几年结合旅游产业的发展，乡村社区环境得到极大的改善。

错落有致的藏族民居、生态环保的旅游栈道、吞米·桑布扎故居的保护开放等，为提升社区环境品位，丰富社区文化内涵，奠定了良好的基础，是少数民族地区难得一见的宜居之村，如附图2-9所示。

不足之处是由于周边山势比较险峻，在吞米·桑布扎故居的背后，今年多次发生泥石流，极需治理并加强防范。

3. 改进建议

（1）基于生活、旅游以及保护吞米·桑布扎故居的需要，应采取积极措施，尽快解除该村的泥石流隐患，为村民营造一个安全的环境。

附图2-8　吞达村制作藏香的溪流、水车及工匠们

附图2-9　吞达村的自然风光与吞米·桑布扎故居

（2）增加旅游服务设施的建设，让游客在旅游观光之余，能有一个休闲娱乐、小憩的场所。

（3）增加民宿、餐饮设施等，让游客能够在桃园仙境内，不但能欣赏到自然美景，还能品味到藏族美食。

（4）增加体验型旅游项目，通过参与制作藏香、藏纸，让游客亲身感受藏香、藏纸的制作工艺与文化氛围。

四、堆龙德庆县德庆乡昂嘎村、顶嘎村和邦村

1. 昂嘎村、顶嘎村和邦村概况

昂嘎村、顶嘎村、邦村是堆龙德庆县德庆乡下辖的三个行政村。从自然环境来看，相对于前面几个村要差些。以昂嘎村为列，昂嘎村水资源匮乏，为了解决饮水问题，全乡从十几公里以外的高山上引水入村，通水到户。除住在高山内的村民外，基本解决了人蓄的饮水问题。昂嘎村是农牧结合的村落，主要的农作物是青稞，一年一季。牧业以牦牛为主。在牧区，牦牛是藏民的家中宝。

2. 昂嘎村、顶嘎村及邦村社区环境建设现状

德庆乡对社区环境建设非常重视，尤其是对文化教育、医疗保障等社会环境特别重视，村村都设有农家书屋，供农牧民休闲阅读使用。全乡今年（2014）有77人考上大学。全乡100%达到了九年义务教育，孩子上学有校车，从小学孩子们就可住校。全乡5公里之内，设有幼儿园。老保医疗都有保障，大病有大病统筹，村村都有卫生室，乡里有卫生院，门诊的人数全年达到3万多人次，如附图2-12所示。

在社会公共服务设施方面，村村都新建了村委会办公楼，村委会办公楼不但是村级行政办公服务的场所，也是村民活动中心，一般设有农家书屋等休闲娱乐活动场所。通过商务部万村千乡工程的实施，每个村都设有小超市，作为便民商业服务网点，解决了偏远村落村民生活购物的基本需求，如附图2-10所示。

在社区景观营造方面，几个村落具有相似之处。那就是在蓝天、白云、高山等背景的衬托下，黄杨、藏族民居以及不同院落形式构成了美不胜收村落景观。除了藏族民居特色外，顶嘎村的牛粪院墙是最具有乡土特色的生态景观。牛粪是藏族村民生活中不可缺少的生活要素，不但是生态环保、节能耐用的清洁能源，而且还成为院墙乡土景观营造的生态环保材料。利用牛粪垒砌的院墙样式独特，粗犷质朴，散发着浓郁的乡土气息，令人叹为观止，如附图2-11所示。

附图2-10   昂噶村社区环境景观与村委会（村民活动中心）

附图2-11   顶嘎村的社区环境景观与牛粪院墙

附图2-12   邦村社区卫生站与小超市

近几年来，在驻村干部的带领下，乡村社区环境建设有了长足发展，各种基础设施基本完善，社区、道路及民居清洁整齐。

昂噶村、顶嘎村、邦村除了种植业、畜牧业之外，没有其他支柱型产业，而且也缺少著名的景观资源和人文资源，社会经济发展缺乏动力，如附图2-13所示。

3. 改进建议

（1）由于社区环境建设基础较好，可利用社区环境、特色民居等，积极扶持民宿、藏餐的发展，开发特色农牧产品，增加相关旅游服务设施，通过大力发展旅游，带动村落的社会经济发展。

附图2-13 邦村深山中的高原牧场

（2）顶嘎村位于从种植业的田园风光，向畜牧业的高山草甸过渡的景观走廊地带，具有独特的景观魅力。游客可以通过一日游即可享受田园、牧场两种不同景观，大大可以满足游客的旅游休闲需求。

（3）原有的顶嘎村委会及其院落，可以通过改造，营造成具有独特韵味的餐饮场所。

五、林芝地区鲁朗镇扎西岗村

1. 扎西岗村概况

鲁朗，藏语意为"龙王谷"，也是"叫人不想家"的地方。鲁朗海拔3700米，位于距八一镇80公里左右的川藏路上，坐落在深山老林之中。鲁朗镇是个人口仅有1000多人的小镇。扎西岗村是拉萨前往林芝方向鲁朗镇上的一个小村。相传文成公主途经此地，为这仙境般的风光着迷，建议将此村庄取名为"吉祥坡"，藏语为"扎西岗"。扎西岗村是林芝地区第一批发展乡村旅游的民俗村之一。它坐落在雪山林海之间，灌木丛和茂密的云杉、松树、青冈组成了"林海"，人们把她称作为中国的瑞士。但极具藏族风情的村舍和民情，却是瑞士所没有的。藏族民居的门廊雕梁画栋，色彩斑斓，多数民居都兼有家庭旅馆的功能，便于游客吃住游。

2. 扎西岗村社区环境建设现状

近年来，扎西岗村旅游事业的发展促进了社区环境的改善。在基础设施建设方面，首先实现硬化道路户户通，自来水户户通，主要道路设有太阳能路灯；村内还设有一处休闲运动广场，除设有其他区域常见的各种休闲运动器材之外，还设有本民族特色射箭器材，但是广场内杂草丛生，休闲健身器材似乎很少有人问津。整个社区环境清净整洁，宜居宜游。在民居建设方面，更是独具特色。每座民居都尽显藏族民居特色，粗犷大气，装饰精美，色彩艳丽。但是，全村民居没有一座是重复的，从院落大门、院墙、民居到细部装饰，家家不同，各具特色。整个村落在宏伟壮丽的大环境衬托下，显得格外恬静优美，让人流连忘返，如附图2-14所示。

3. 改进建议

由于生活方式与休闲习惯不同，藏族村民的日常生活与休闲生活所需要的场所、设施也有所不同，因此在规划建设社会公共服务设施及休闲运动设施时，应充分考虑藏族村民的实际需要。

附图2-14　札西岗村的民居、民宿、休闲运动设施及社区内环境

六、总结与建议

近年来在国家和相关部门的大力支持下，西藏乡村社区环境面貌发生了巨大改变，尤其是随着"农村人居环境建设和环境综合整治"、"安居工程建设"等改善民生工程的大力实施，乡村基础设施显著改善，一批生态良好、环境宜人、村容整洁的生态型村庄出现在雪域高原，西藏的人居环境建设取得了喜人的成果。

1. 在社区环境建设方面，积极开展基础设施和安居工程建设，使村容村貌焕然一新。被列入西藏自治区新农村建设试点的乡村基本实现了村庄绿化、住房净化、环境美化、垃圾集中处理化等目标，乡村社区人居环境有了极大改善。

2. 在基础设施建设方面，通村道路基本实现了硬化，条件较好的乡村实现了道路硬化户户通；自来水管网建设惠及千家万户，解决了村民的饮水问题；乡村社区基本上都设有垃圾堆放处，并实现了垃圾集中处理；网络通信设施也基本上覆盖了社区，村民可随时利用网络。

3. 社会公共服务设施建设更是取得了长足的发展，主要乡村社区均建有村活动中心、农家书屋、卫生室、林卡及小超市等，基本可以满足村民的各种生活需求。

4. 安居工程的有效实施，改善了藏族村民居住条件，所有村民都已住进了新改建好的藏式民居，使广大藏族村民都能享受到新农村建设的成果。

5. 在乡村社区建设中，规划是龙头，是指导乡村建设的重要依据，尤其是在基础设施、社会公共服务设施建设方面，规划的作用是不可取代的。但是，对于传统的藏族村落，绝不能采用统一拆建的方式，而是依据村落特点，尽量保存传统的村落布局，传统的多样性建筑形式，这样的村落才是最有地域特色、民族特色，才能可持续发展。

6. 为更好的维持美丽乡村社区环境建设的成果，在不断完善硬件基础设施及社会公共服务设施的同时，应建立科学的有村民参与的社区环境管理机制，并采用科学管理手段，确保美丽乡村社区环境建设成果能够得到永续利用并不断发展。

7. 对于基础设施与社会公共服务设施，藏族乡村社区有着独特的需求，如几乎村村都需要有满足宗教信仰的寺庙、玛尼堆、经幡等宗教设施。因此，在基础设施和社会公共服务设施建设时，应充分考虑到藏族村民的特殊需求，同步规划建设相应的宗教设施，以满足藏族村民的信仰需要。同时，规划设计能满足藏民交流的休闲设施林卡，以及箭靶等满足游玩运动的体育设施。

8. 较发达的乡村等都具有一个共同点，就是在搞好基础产业的同时，大力发展旅游产业，也正是由于旅游产业的发展，让村民享受到发展旅游的红利，从而形成良性的建设美丽乡村的内部动力机制。近年来，西藏乡村旅游产业之所以发展得如火如荼，就是因为乡村旅游产业可以培育并形成强劲的、可持续发展的内部动力机制。因此，旅游规划的编制与实施是形成乡村内部发展动力机制的重要因素，在建设美丽乡村，促进城乡一体化的过程中，发挥了重要的推动作用。

参考文献

［1］仇焕广，廖绍攀，井月，栾江. 我国畜禽粪便污染的区域差异与发展趋势分析［J］. 环境科学，2013，34：2766—2774.

［2］代亚丽. 我国农村水环境污染问题分析及防治对策探讨［J］. 农业环境与发展，2008，25：86—88.

［3］侯京卫，范彬，曲波等. 农村生活污水排放特征研究述评［J］. 安徽农业科学，2012，964—967.

［4］刘杰. 农村生活垃圾处理面临的形势与治理对策［J］. 山东农业科学，2013，45：150—152.

［5］刘海荣. 韩国新村运动对中国新农村建设的启示［D］. 硕士学位论文. 青岛大学，2006.

［6］史培军，张淑英，潘耀忠等. 生态资产与区域可持续发展［J］. 北京师范大学学报：社会科学版，2005，131—137.

［7］吴红宇，聂晶. 印度"第二次绿色革命"与中国"新农村建设"之比较研究［J］. 广东农工商职业技术学院学报，2007，44—47.

［8］吴霖. 农村生活污水现状及处理技术研究［J］. 资源节约与环保，2015.

［9］周伟. 关于农村环境污染的主要原因及防治对策探讨［J］. 环境与可持续发展，2015.

［10］周建华. 贺正楚. 法国农村改革对我国新农村建设的启示［J］. 求索，2007，17—19.

［11］周爱萍. 我国农村水污染现状及防治措施［J］. 安徽农业科学，2009，37：4345—4346.

［12］崔喜军. 浅析农村城镇化进程中的环境污染防治［J］. 第十六届中国科协年会——分5生态环境保护与绿色发展研讨会论文集，2014.

［13］张乐，黄筱. 我国或成世界第一肺癌大国［J］. 党政干部参考，2015.

［14］张明涛，周伟. 加强农村大气污染治理的法律思考［J］. 学术论坛，2015，38：117—121.

［15］张继娟，魏世强. 我国城市大气污染现状与特点［J］. 四川环境，2006，25：104—108.

［16］张铁亮，郑向群，王敬. 城镇化建设中乡村环境保护关键点分析［J］. 农业资源与环境学报，2013，40—43.

［17］彭珂珊. 中国水土流失问题的初探［J］. 草业与畜牧，2004，20—26.

［18］李书谊. 无锡高山肖巷住宅小区规划设计——绿色生态住宅小区［J］. 住宅科技，2004，42—46.

［19］李乾文. 日本的"一村一品"运动及其启示［J］. 世界农业，2005，32—35.

［20］柳兰芳. 从"美丽乡村"到"美丽中国"——解析"美丽乡村"的生态意蕴［J］. 理论月刊，2013，165—168.

［21］梁流涛，曲福田，冯淑怡. 农村发展中生态环境问题及其管理创新探讨［J］. 软科学，2010，53—57.

［22］毛绍春，李竹英. 土壤污染现状及防治对策初探［J］. 云南农业，2005，26—27.

［23］王金南，逯元堂，吴舜泽等. 国家"十二五"环保产业预测及政策分析［J］. 中国环保产业，2010，24—29.

［24］王铭. 创建和谐社区是构建和谐社会的重要切入点［J］. 工会论坛：山东省工会管理干部学院学报，2005，107—109.

［25］环境保护部_2010年中国环境状况公报［WWW Document］，n. d. URL http: //jcs. mep. gov. cn/hjzl/zkgb/2010zkgb/（accessed 12. 9. 15）.

［26］环境保护部_2011年中国环境状况公报［WWW Document］，n. d. URL http: //jcs. mep. gov. cn/hjzl/zkgb/2011zkgb/（accessed 12. 9. 15）.

［27］环境保护部_2012年中国环境状况公报［WWW Document］，n. d. URL http: //jcs. mep. gov. cn/hjzl/zkgb/2012zkgb/（accessed 12. 9. 15）.

［28］环境保护部_2013年中国环境状况公报［WWW Document］，n. d. URL http: //jcs. mep. gov. cn/hjzl/zkgb/2013zkgb/（accessed 12. 9. 15）.

［29］环境保护部，国土资源部. 全国土壤污染状况调查公报［J］. 中国环保产业，2014，10—11.

［30］田卫堂，胡维银，李军等. 我国水土流失现状和防治对策分析［J］. 水土保持研究，2008，15: 204—209.

［31］白洋，刘变叶. 简析农村水污染问题及其对策［J］. 安徽农业科学，2006，34: 2496—2497.

［32］秦天枝. 我国水土流失的原因、危害及对策［J］. 生态经济，2009，163—169.

［33］管冬兴，邱诚. 农村生活垃圾问题现状及对策探讨［J］. 中国资源综合利用，2008，26: 29—31.

［34］耿燕礼. 王道保，李素峰等. 社会主义新农村建设中的垃圾处理问题初探——基于石家庄地区平原农村的调查［J］. 农业环境与发展，2007，24: 39—41.

［35］薛明. 绿色生活的创造——生态社区BedZED［J］. 第十届全国建筑技术学术研讨会，2004.

［36］赫捷，陈万青. 2013年中国肿瘤登记年报［M］. 北京: 清华大学出版社，2015.

［37］赵勇. 国内"宜居城市"概念研究综述［J］. 城市问题，2007. 76—79.

［38］陈志良，吴志峰，夏念和等. 中国生态资产估价研究进展［J］. 生态环境，2007，16: 680—685.

［39］韩冬梅，金书秦. 我国土壤污染分类、政策分析与防治建议［J］. 经济研究参考，2014，42—48.

［40］黄子杰，许东升，杨有礼. 我国农村土壤污染防治对策研究［J］. 今日中国论坛，2013.

［41］楚道文. 房干小流域生态区生态旅游开发研究［D］. 硕士学位论文. 山东师范大学，2002.

［42］高庆标，徐艳萍. 农村生活垃圾分类及综合利用［J］. 中国资源综合利用，2009，29（9）: 61—63.

［43］金明奎. 农村垃圾处理及回收利用［M］. 北京: 中华工商联合出版社，2007.

［44］邱才娣. 农村生活垃圾资源化技术及管理模式探讨［D］. 硕士学位论文. 浙江大学，2008.

［45］王仁卿，郭卫华，韩雪梅. 房干村生态文明建设分析［J］. 山东生态省建设研究，2004.

［46］谢冬明，王科等. 我国农村生活垃圾问题探析［J］. 安徽农业科学，2009，37（2）: 786—788.

［47］张玉华. 乡村垃圾收集与无害化处理技术［M］. 中国农业科学技术出版社，2006.

图书在版编目（CIP）数据

中国乡村社区环境调研报告／王宝刚主编．—北京：中国建筑
工业出版社，2016.11
ISBN 978-7-112-20027-6

Ⅰ.①中… Ⅱ.①王… Ⅲ.①农村－社区－环境管理－调查报告－
中国 Ⅳ.①X321.2

中国版本图书馆CIP数据核字（2016）第252439号

　　本书是中国乡村社区环境的调研报告，主要介绍了调研
概况、乡村社会·经济·环境概况、乡村自然生态环境现
状、乡村社区人文环境现状、乡村社区生活垃圾现状与问
题、乡村生态资产、乡村社区景观现状、乡村社区环境现状
综合分析，最后还有"欧洲乡村社区建设实态考察报告"、
"西藏乡村社区环境建设实态调研报告"两个附录。本书通
过文字和照片、图表介绍，图文并茂，是一本较权威的乡村
社区环境调研报告，适合从事乡村规划、乡村旅游、政府部
门的人员，以及相关专业的师生阅读。

责任编辑：白玉美　刘文昕
书籍设计：锋尚制版
责任校对：焦　乐　李美娜

中国乡村社区环境调研报告
王宝刚　主编

*
中国建筑工业出版社出版、发行（北京西郊百万庄）
各地新华书店、建筑书店经销
北京锋尚制版有限公司制版
廊坊市海涛印刷有限公司印刷
*
开本：787×1092毫米　1/16　印张：10¼　字数：256千字
2016年11月第一版　2017年12月第二次印刷
定价：39.00元
ISBN 978 - 7 - 112 - 20027 - 6
（29423）